# 谨以此书庆祝河南蒙古族自治县

# 成立70周年！

༄། །རྨ་ལྷོ་སོག་རིགས་རང་སྐྱོང་རྫོང་བཙུགས་ནས་

ལོ་འཁོར་བདུན་ཅུ་འཁོར་བར་ལེགས་

སྐྱེས་སུ་ཕུལ་བ་ལགས།  །

（1954—2024）

# 黄河源河曲草原
## 生物多样性图谱

རྨ་ཆུའི་འགོ་ཁུངས་རྨ་ཁུག་རྩྭ་ཐང་གི་སྐྱེ་དངོས་སྣ་མང་རིས་འགྲེལ།

HUANGHEYUAN HEQU CAOYUAN SHENGWU DUOYANGXING TUPU

卡着才让　李文金　马戈亮　龙主多杰　主编

**图书在版编目（CIP）数据**

黄河源河曲草原生物多样性图谱 / 卡着才让等主编. 兰州 : 兰州大学出版社, 2024. 7. -- ISBN 978-7-311-06691-8

Ⅰ. Q16-64

中国国家版本馆CIP数据核字第2024AN7429号

责任编辑　冯宜梅　梁建萍
封面设计　兰周才让

---

书　　名　黄河源河曲草原生物多样性图谱
作　　者　卡着才让　李文金　马戈亮　龙主多杰　主编
出版发行　兰州大学出版社　（地址:兰州市天水南路222号　730000）
电　　话　0931-8912613(总编办公室)　0931-8617156(营销中心)
网　　址　http://press.lzu.edu.cn
电子信箱　press@lzu.edu.cn
印　　刷　兰州人民印刷厂
开　　本　880 mm×1230 mm　1/32
印　　张　10.5
字　　数　181千
版　　次　2024年7月第1版
印　　次　2024年7月第1次印刷
书　　号　ISBN 978-7-311-06691-8
定　　价　68.00元

---

（图书若有破损、缺页、掉页,可随时与本社联系）

# 《黄河源河曲草原生物多样性图谱》
## 编　委　会


**顾　　问：** 车向贤　祁小青

**主　　编：** 卡着才让　李文金　马戈亮　龙主多杰

**副 主 编：** 刘　坤　德乾恒美　张晓宁　李国刚　孙　楠　罗俊文　杨忠南加　改　毛

**编制人员：** 蒋中文　洛藏昂毛　解乃达才让　祁学忠　西合多杰　才让东周　张海兰　肉旦尖措　关却加　赛藏措　忠克吉　德　保　陆福根　欧友为　昝风梅　斗尕杰布　斗拉本　唐俊伟　唐炳民　连欢欢　扎西措　邓粤华　完玛草　平才吉　王秀萍　李　静　马青山　李海云　周　尕　唐燕青　娜姆措　卓玛措　索南冷知　陈燕超　尕土才让　华旦扎西　仁增加

**物种鉴定：** 刘　坤　龙主多杰　欧友为　李文金　卡着才让

**摄　　影：** 卡着才让　孙海群　欧友为　孙　楠　关却加　熊吉吉　尕土才让　侯清柏　张晓宁　阿旺久美　杨晓云　松太加　陆福根　三江主人　青海省原上草自然保护中心

**编写单位：** 河南县草原工作站　河南县林业工作站　兰州大学

2023年度青海省“昆仑英才·高端创新创业人才”项目
河南县天保成效生物多样性调查项目
青海省“昆仑英才·科技领军人才”计划中青年科技人才托举工程
河南县2021年草原有害生物普查项目

# 序 言
# སྔོན་གཏམ།

位于九曲黄河第一弯的河南蒙古族自治县是青海省唯一的蒙古族自治县，俗称“河南蒙旗”，地处被联合国教科文组织誉为“四大无公害超净区”之一的青藏高原东南部地带，位于青海省东南部，东临甘肃省夏河县、碌曲县，南接甘肃省玛曲县，西南与青海省玛沁县、同德县毗连，北与泽库县相邻，处于青甘川三省接合部，素有“青海省南大门”之称。河南蒙古族自治县古有“香汤沐浴地”之美誉，境内优良草场连片分布，有着全省乃至全国生态保护最好的优良牧场，是发展有机畜牧业的理想之地。

河南蒙古族自治县面积 6997.45 平方千米，平均海拔 3600 米。全县境内草原辽阔，水草丰美，是全国面积最大的有机畜牧业生产基地，有着青海省生态保护最好的草原——河曲草原，堪称“亚洲第一，青海最美”。黄河、洮河、泽曲河贯穿境内，天池、湖泊、瀑布遍布其中。独特的地域和自然环境孕育出了河曲草原典型的物种极为丰富的高寒草甸型生态系统、以祁连圆柏和青海云杉为优势种的针叶林森林生态系统以及湿地生态系统等，县域内高寒草甸草原生态系统占绝对优势，对维系青藏高原独特的生物种群具有十分重要的意义。

为了展示河曲草原美丽的生物多样性，保护三江源，保护“中华水塔”，在河南蒙古族自治县委、县政府以及相关部门的支持下，县草原工作站、县林业工作站联合兰州大学，组成编写团队，并依托“2023 年青海省‘昆仑英才·高端创新创业人才’项目”和“河南县天保成效生物多样性调查项目”，历时5年，编成了本图谱。

本图谱主要包括猞猁、雪豹、高原鼠兔、灰尾兔、马鹿、岩羊等哺乳动物26种；秃鹫、黑颈鹤、大天鹅、斑头雁、赤麻鸭等鸟类64种；冬虫夏草、黄绿蜜环菌、油黄口蘑等菌类41种；德国黄虎蜂、草原毛虫、斑翅蝗等昆虫57种；花斑裸鲤、厚唇裸唇鱼等鱼类4种；中华蟾蜍、高原林蛙、西藏齿突蟾等两栖类动物3种；阿拉善蝰蛇、西藏沙蜥等爬行类动物2种；祁连圆柏、青海云杉、柳树、忍冬、莎草、禾草等植物类519种。同时该图谱也包括了全国“三大名马”之一的河曲马、2005年被评为“青海省名优畜禽品种”的欧拉羊、被誉为“高原之舟”的雪多牦牛，这三大畜种已被列入国家畜禽遗产资源保护名录、国家级农产品地理标志。

本图谱的出版不仅是对河南蒙古族自治县多年来尊重自然、坚持人与自然和谐共生的肯定和展示，也是该县加强生态文明建设、坚持生态优先、严守生态红线的证明。本图谱的编制也是回应社会各界支持和关心草原生态保护工作的成果展示，更体现了广大的基层草原工作者们始终如一建设和保护草原生态的一份初心和执着。参阅本图谱，不仅有利于提高基层科技工作者和调查者对生物多样性调查和监测的准确性和效率，更主要的是也有利于提高广大生物爱好者和大众对生物多样性的认识和理解，进而促进激发大众对生物多样性的合理利用和有效保护，从而贯彻落实习近平新时代生态文明思想，履行联合国《生物多样性公约》。

由于编者水平所限，书中不当之处，恳请读者批评指正。

编者

2024年5月

# 目 录

# དཀར་ཆག

## 大型真菌类 ཤ་མོའི་རིགས།

网褶科

网褶菌属……003

卷边网褶菌 *Paxillus involutus* ཕྲང་སྐྱེས་དུང་དབྱིབས་མ།……003

蜡伞科

湿伞属……003

变黑湿伞 *Hygrocybe conica* དབྲལ་ཤྭ་སེར་པོ།……003

朱黄湿伞 *Hygrocybesuzukaensis* ཕྲ་ཤྭ།……004

层腹菌科

盔孢伞属……004

纹缘盔孢伞 *Galerina marginata* འདྲ་ལེབ་སླུག་པོ།……004

马勃科

灰马勃属……004

白刺马勃 *Lycoperdon wrightii* ཕ་དགོ་ཚེར་དཀར།……004

秃马勃属……005

白秃马勃 *Calvatia candida* ཕ་དགོ་སག་དཀར།……005

马勃属……005

大秃马勃 *Calvatia gigantea* ཕ་དགོ་དྲྭ་རིས་མ།……005

丝膜科

丝膜菌属……005

褐美丝膜菌 *Cortinarius umbrinobellus* སྐྱི་ཤྭ་དྲྭ་མང་།……005

球盖菇科

环锈伞属……006

白鳞环锈伞 *Pholiota destruens* བཙའ་ཤྭ་ཡུ་སྨོམ།……006

光盖伞属……006
糞生光盖伞 *Deconica coprophila* ཕོག་ཤྭ་ཛ་དམར། ……006
暮菇属……006
烟色垂幕菇 *Hypholoma capnoides* བཙའ་ཤྭ་ས་སྐྱེས། ……006
鬼伞科
斑褶菇属……007
半卵形斑褶菇 *Anellaria semiovata* སྲེ་སྲུལ་སྒོང་དབྱིབས་མ། ……007
离褶伞科
离褶伞属……007
斯氏灰顶伞 *Tephrocybe striipilea* ཐང་སྐྱེས་འོ་ཁ།……007
丽蘑属……007
香杏丽蘑 *Calocybe gambosa* ཚོམ་སྐྱེས་གྲེས་སྲུལ། ……007
白蘑科
杯伞属……008
白霜杯伞 *Clitocybedealbata* ཀོང་ཤྭ་དཀར་ཆུང་།……008
蜜环菌属……008
黄绿蜜环菌 *Armillaria luteo-virens* ཡུ་ཤྭ་སྤྲི་སེར།……008
口蘑属……008
假松口蘑 *Tricholoma bakamatsutake* དཀར་ཤྭ་ཡུ་ཁྲ། ……008
鳞柄口蘑 *Tricholoma psammopus* ལེབ་ཤྭ་ཡུ་སག……009
油黄口蘑 *Tricholoma flavovirens* ལེབ་ཤྭ་སྤྲི་སེར།……009
离褶伞属……009
簇生离褶伞 *Lyophyllum aggregatum* གྲེས་སྲུལ་དཀར་ཞིབ།……009
小菇属……010
洁小菇 *Mycena pura* ཐྲ་ཤྭ་ཡུ་ཐང་།……010
蘑菇科
白鬼伞属……010
裂皮白环菇 *Leucoagaricus excoriates* ཤྭ་མོ་དཀར་ལེབ། ……010
蘑菇属……010
白鳞蘑菇 *Agaricus bernardii* ཆེར་དཀར་ཤྭ་མོ།……010
大肥蘑菇 *Agaricus bitorquis* རྫ་ཐང་ཤ་མོ།……011
夏生蘑菇 *Agaricus aestivalis* ཐང་ཤྭ་སྲུལ་མང་།……011
蘑菇 *Agaricus campestris* གླུང་ཤྭ་སྲུལ་ནག……011
多孔菌科
干酪菌属……012
绒盖干酪菌 *Tyromyces pubescens* སྤུར་ཤྭ་དཀར་སོབ།……012

丝膜菌科

丝膜菌属……012
白膜丝膜菌 *Cortinarius hinnuleus* སྐྱི་ཤྭ་ཁམ་ནག……012

白菇科

小菇属……012
灰褐小菇 *Mycena amygdalia* ཤལ་གདུགས་སྤྲུ་རིས།……012

粉褶菌科

粉褶属……013
斜盖粉褶菌 *Rhodophyllus abortivum* རྡུལ་སྨུལ་དཀར་པོང་།……013

麦角菌科

虫草属……013
冬虫夏草 *Cordyceps sinensis* དབྱར་རྩྭ་དགུན་འབུ།……013

松塔牛肝菌科

粘盖牛肝菌属……013
短柄粘盖牛肝菌 *Suillus brevipes* མཆིན་ཤྭ་ཡུ་ཐུང་།……013

鹅膏菌科

鹅膏菌属……014
赤褐鹅膏菌 *Amanita fulva* དུག་ཤྭ་ཕྱི་འགྱུར།……014

盘菌科

网孢盘菌属……014
橙黄网孢盘菌 *Aleutia aurantia* ཏིང་ཤྭ་སེར་པོ།……014

网褶菌科

网褶菌属……014
黄褐丝盖伞 *Inocybe flavonbrunea* ཐང་སྐྱེས་ཁྲོག་ལེ།……014

鬼伞科

斑褶菇属……015
半卵形斑褶菇 *Anellaria semiovata* འདྲེ་ཤྭ་ཟྲུ་སྐྱེས།……015
花褶伞属……015
紧缩花褶伞 *Panaeolus sphinctrinus* སྤུལ་ཁྲ་སྔོན་ཆེན།……015
鬼伞属……015
白杯伞 *Clitocybe phyllophila* ཀོང་ཤྭ་དཀར་པོ།……015
粪鬼伞 *Coprinus sterquilinus* འདྲེ་ཤྭ་ཁངས་འབབ།……016

牛肝菌科

粉末牛肝菌属……016
黄粉牛肝菌 *Pulveroboletus ravenelii* ཤྭ་མོ་སེར་པོ།……016

羊肝菌科

羊肝菌属……016
黑脉羊肚菌 *Morchella angusticeps* ཁུག་ཤུ་གདོང་ནག……016

# 植物类 རྩི་ཤིང་གི་རིགས།

木贼科
木贼属……019
节节草 *Hippochaete ramosissima* སྐྱུག་མཚེ།……019
问荆 *Equisetum arvense* ཆུ་མཚེ།……019
水龙骨科
瓦韦属……019
天山瓦韦 *Lepisorus albertii* བྲག་སྤྱོས།……019
冷蕨科
冷蕨属……020
冷蕨 *Cystopteris fragilis* འབྲུགས་རལ།……020
凤尾蕨科
金粉蕨属……020
黑足金粉蕨 *Onychium cryptogrammoides* རེ་རལ་རིགས་ཤིག……020
鳞毛蕨科
耳蕨属……020
穆坪耳蕨 *Polystichum moupinense* ཇ་རལ།……020
玉龙蕨属……021
玉龙蕨 *Sorolepidium glaciale* གཡུ་ལུང་རེ་རལ།……021
铁角蕨科
铁角蕨属……021
北京铁角蕨 *Asplenium pekinense* རྡུ་མཁྲིས་པ་མོ་ཁ།……021
松科
云杉属……021
青海云杉 *Picea crassifolia* མཚོ་སྔོན་སྤྲིན་གསོམ།……021
柏科
圆柏属……022
祁连圆柏 *Sabina przewalskii* མདོ་ལའི་རྒྱ་ཤུག……022
大果圆柏 *Juniperus tibetica* འབྲི་ཤུག……022
柏属……022
高山柏 *Juniperus squamata* མཐོ་སྒང་ཤུག་པ།……022

麻黄科
麻黄属 ······························································023
草麻黄 *Ephedra sinica* ར་མཚོ། ·····························023
单子麻黄 *Ephedra monosperma* ཕྲང་མཚོ། ··················023
杨柳科
柳属 ································································023
山生柳 *Salix oritrepha* ལྕང་ནག ·····························023
杯腺柳 *Salix cupularis* ལྕང་མ་རིགས་ཤིག ······················024
川滇柳 *Salix rehderiana* ལྕང་མ་རིགས་ཤིག ·····················024
青藏垫柳 *Salix lindleyana* ལྕང་མ་རིགས་ཤིག ···················024
洮河柳 *Salix taoensis* ཀླུ་ཆུ་ལྕང་མ། ·························025
荨麻科
荨麻属 ······························································025
高原荨麻 *Urtica hyperborea* ཟྭ་ཕྱི་ཨ་ཡ། ······················025
毛果荨麻 *Urtica triangularis subsp* ཟྭ་འབྲུམ། ················025
蓼科
冰岛蓼属 ····························································026
冰岛蓼 *Koenigia islandica* གྲམ་ལྷས། ··························026
大黄属 ······························································026
唐古特大黄 *Rheum tanguticum* ལྕུམ་རྩ། ·······················026
小大黄 *Rheum pumilum* ཆུ་མ་རྩི། ·····························026
菱叶大黄 *Rheum rhomboideum* ཆུ་རྩ། ··························027
酸模属 ······························································027
尼泊尔酸模 *Rumex nepalensis* ཀྲུ་སོ། ·························027
水生酸模 *Rumex aquaticus* ཆུ་སྐྱེས་ཀླུང་སོ། ······················027
巴天酸模 *Rumex patientia* ཀྲུ་སོ་རིགས་ཤིག ····················028
酸模 *Rumex acetosa* ཀྲུ་སོ། ··································028
蓼属 ································································028
萹蓄 *Polygonum aviculare* ཁྲི་ནས། ····························028
西伯利亚蓼 *Polygonum sibiricum* ཆུ་མ་རྩི་རིགས་ཤིག ············029
珠芽蓼 *Polygonum viviparum* རམ་བུ། ··························029
细叶蓼 *Polygonumtaquetii* རམ་བུ་རིགས་ཤིག ····················029
圆穗蓼（头花蓼）*Polygonum macrophyllum* ཀླ་སྣང། ··········030
柔毛蓼 *Polygonum sparsipilosum* ལྷས་མ། ·······················030
藜科
猪毛菜属 ····························································030

猪毛菜　*Salsola collina*　སྐྱག་ཚེར།……030
刺沙蓬　*Salsola ruthenica*　སྐྱག་ཚེར་རིགས་ཤིག……031
藜属……031
刺藜　*Chenopodium aristatum*　ཚུ་ཙི་ནག་པོ།……031
菊叶香藜　*Chenopodium foetidum*　མོན་སྙེ།……031
灰绿藜　*Chenopodium glaucum*　སྙེའུ་ལོ་ལྗང་སྐྱ།……032
藜　*Chenopodium album*　སྙེའུ་ལོ།……032

苋科

轴藜属……032
平卧轴藜 *Axyris prostrata*　རྩྭ་མཁྲིས་བ་མོ་ཁ།……032
藜属……033
小白藜　*Chenopodium iljinii*　རྩྭ་མཁྲིས་བ་མོ་ཁ།……033

石竹科

薄蒴草属……033
薄蒴草　*Lepyrodiclis holosteoides*　སྤོམ་ཤངས་དཀར་མོ།……033
卷耳属……033
簇生卷耳　*Cerastium caespitosum*　བྱིའུ་ལ་ཕུག……033
卷耳　*Cerastium arvense*　བྱིའུ་ལ་ཕུག་གི་རིགས་ཤིག……034
无心菜属……034
甘肃雪灵芝　*Arenaria kansuensis*　ཀན་སུའུ་ཨ་གྲོང་དཀར་པོ།……034
福禄草　*Arenaria przewalskii*　རྩྭ་ཨ་གྲོང་།……034
繁缕属……035
毛湿地繁缕　*Stellaria uda*　བྱ་ཤངས་པ།……035
垫状偃卧繁缕　*Stellaria decumbens*　བྱ་ཤངས་རིགས་ཤིག……035
沙生繁缕　*Stellaria arenarioides*　བྱེ་སྐྱེས་བྱ་ཤངས།……035
沼生繁缕　*Stellaria palustris*　ཆུན་སྐྱེས་བྱ་ཤངས།……036

石竹科

蝇子草属……036
女娄菜　*Silene aprica*　སུག་པ།……036
隐瓣蝇子草　*Silene gonosperma*　སུག་པ་ལོ་བྲ།……036
细蝇子草　*Silene gracilicaulis*　ར་སུག……037
石竹属……037
瞿麦　*Dianthus superbus*　ཀ་ཐུ་ཀ……037
福禄草属……037
密生福禄草　*Dolophragma juniperinum*　རྩྭ་ཨ་གྲོང་།……037

毛茛科

驴蹄草属……038
花葶驴蹄草 *Caltha scaposa* ཧ་སྨིག་རིགས་ཤིག……038
金莲花属……038
矮金莲花 *Trollius farreri* སེར་ཆེན་རྐང་ཕུང་།……038
金莲花 *Trollius chinensis* མེ་ཏོག་སེར་ཆེན།……038
毛茛状金莲花 *Trollius ranunculoides* སེར་ཆེན་རིགས་ཤིག……039
乌头属……039
甘青乌头 *Aconitum tanguticum* བོང་ང་དཀར་པོ།……039
伏毛铁棒锤 *Aconitum flavum* སྨན་ཆེན།……039
露蕊乌头 *Aconitum gymnandrum* འཛིན་པ་བླ་བྲལ།……040
翠雀属……040
大通翠雀 *Delphinium pylzowii* བྱ་རྐང་བ།……040
毛翠雀花 *Delphinium trichophorum* བྱ་རྐང་བ་རིགས་ཤིག……040
拟耧斗菜属……041
拟耧斗菜 *Paraquilegia microphylla* ཡུ་མོ་མདེའུ་འབྲིན།……041
唐松草属……041
芸香叶唐松草 *Thalictrum rutifolium* སྔོ་ལྕུགས་ཀྱུ།……041
瓣蕊唐松草 *Thalictrumpetaloideum* ལྕུགས་ཀྱུ་རིགས་ཤིག……041
直梗高山唐松草 *Thalictrum alpinum* ལྕུགས་ཀྱུ་རིགས་ཤིག……042
高山唐松草 *Thalictrum alpinum* ལྕུགས་ཀྱུ་རིགས་ཤིག……042
长柄唐松草 *Thalictrum przewalskii* ལྕུགས་ཀྱུ་ཡུ་རིང་།……042
毛茛科
银莲花属……043
草玉梅 *Anemone rivularis* སྲུབ་ཀ……043
条裂银莲花 *Anemone trullifolia* སྲུབ་ཀ་རིགས་ཤིག……043
叠裂银莲花 *Anemone imbricata* ཛ་སྲུབ་དཀར་ཆུང་།……043
钝裂银莲花 *Anemone obtusiloba* སྲུབ་ཀ་རིགས་ཤིག……044
疏齿银莲花 *Anemone obtusiloba* ཀོ་ཡུ་ཨ་སྔོན།……044
小花草玉梅 *Anemone rivularis* སྲུབ་ཀ་རིགས་ཤིག……044
铁线莲属……045
甘青铁线莲 *Clematis tangutica* དབྱི་མོང་ནག་པོ།……045
毛茛属……045
高原毛茛 *Ranunculus tanguticus* འབྲི་མོ་ལྕེ་ཚ།……045
云生毛茛 *Ranunculus nephelogenes* ལྕེ་ཚ།……045
水毛度属……046
水毛茛 *Batrachium bungei* ཆུ་ཐང་མ།……046

鸦跖花属······046
鸦跖花 *Oxygraphis glacialis* དགོ་བ་མེ་ཏོག······046
碱毛茛属······046
条裂碱毛茛 *Halerpestestricuspis* སྣ་ཚ་རིགས་ཤིག······046
三裂碱毛茛 *Halerpestes tricuspis* གསོར་ལྡེམ་པ།······047
侧金盏花属······047
蓝侧金盏花 *Adonis coerulea* ཀྱུ་རྩེ་དུག་ལོ།······047
芍药科
芍药属······047
川赤芍 *Paeonia veitchii* ར་དུག་དམར་པོ།······047
小檗科
小檗属······048
鲜黄小檗 *Berberis diaphana* སྐྱེར་པ།······048
甘肃小檗 *Berberis vulgaris* སྐྱེར་པ།······048
拟小檗 *Berberis dubia* སྐྱེར་པ་རིགས་ཤིག······048
匙叶小檗 *Berberis vernae* སྐྱེར་པ་རིགས་ཤིག······049
罂粟科
绿绒蒿属······049
五脉绿绒蒿 *Meconopsis quintuplinervia* ཨུཏྤལ་སྔོན་པོ།······049
多刺绿绒蒿 *Meconopsis horridula* ཚེར་སྔོན་ཀང་མང་།······049
红花绿绒蒿 *Meconopsispunicea* ཨུཏྤལ་དམར་པོ།······050
总状花绿绒蒿 *Meconopsis horridula* ཚེར་སྔོན།······050
全缘绿绒蒿 *Meconopsis integrifolia* ཨུཏྤལ་སེར་པོ།······050
角茴香属······051
细果角茴香（节裂角茴香） *Hypecoumleptocarpum* པར་པ་ཏ།······051
紫堇属······051
迭裂黄堇 *Corydalis dasyptera* ཀྱུ་རྡུས་དམན་པ།······051
糙果紫堇 *Corydalistrachycarpa* སྔོང་རི་ཟིལ་བ།······051
条裂黄堇 *Corydalis linarioides* ཀྱུ་སྟག་ཟིལ་བ།······052
红花紫堇 *Corydalispunicea* གཡུ་འབྲུག་ཟིལ་བ།······052
蛇果黄堇 *Corydalisophiocarpa* བ་ཤ་ཀན་དམན་པ།······052
暗绿紫堇 *Corydalis melanochlora* སྔོ་དེ་བ།······053
弯花紫堇 *Corydalis curviflora* ཟིལ་བ་རིགས་ཤིག······053
金球黄堇 *Corydalis mucronifera* རྩེ་དམར་ཀང་གཅིག······053
粗距紫堇 *Corydalis eugeniae* ཟིལ་བ་རིགས་ཤིག······054
少花延胡索 *Corydalis pauciflora* ཟིལ་བ་རིགས་ཤིག······054

直茎黄堇 *Corydalis stricta* ཞིལ་བ་རིགས་ཤིག ……054

十字花科

独行菜属……055

独行菜 *Lepidium apetalum* དར་ཡ་ཀན། ……055

宽叶独行菜 *Lepidium latifolium* ཁྲག་ཁྲོག་དཀར་པོ། ……055

菥蓂属……055

菥蓂 *Thlaspi arvense* བྲེ་ག……055

荠属……056

荠 *Capsella bursa-pastoris* སོག་ཀ་པ།……056

藏荠属……056

藏荠 *Hedinia tibetica* སོག་ག་པ།……056

碎米荠属……056

紫花碎米荠 *Cardamine tangutorum* ཚུ་ཏྲག་པ། ……056

蔊菜属……057

沼生蔊菜（风花菜） *Rorippa islandica* སྙེ་ཚེ་ཤུག་ཐུང་། ……057

南芥属……057

垂果南芥 *Arabis pendula* སྲུལ་ལབ་ཡུ་རིང་།……057

异蕊芥属……057

腺异蕊芥 *Dimorphostemon glandulosus* ཐིའུ་རྒྱུན་འབྲུམ།……057

涩荠属……058

涩荠 *Malcolmia africana* ཞིག་ཙེ་བ།……058

桂竹香（糖芥）属……058

红紫桂竹香（红紫糖芥） *Cheiranthus roseus* རྒྱ་སྤོས་དམར་པོ། ……058

念珠芥属……058

蚓果芥 *Neotorularia humilis* ཐིའུ་ཚ་ལ་ཕུག ……058

播娘蒿属……059

播娘蒿 *Descurainia sophia* ཤང་ཚེ།……059

葶苈属……059

矮葶苈 *Draba handelii* ཐིའུ་ལབ་ཀྲང་ཐུང་།……059

蒙古葶苈 *Draba mongolica* སོག་པའི་ཐིའུ་ལབ། ……059

毛葶苈 *Draba eriopoda* ཐིའུ་ལབ་སྤུ་སེར།……060

喜山葶苈 *Draba oreades* ཐིའུ་ལབ་སེར་ཆེན།……060

丛菔属……060

藏芥 *Solms-laubachia parryoides* ཐིའུ་ཤིང་མངར། ……060

山萮菜属……061

密序山萮菜 *Eutrema heterophyllum* ཐུག་རོན་ཞུངས་མ། ……061

**景天科**

红景天属……061

狭叶红景天 *Rhodiola kirilowii* ཚན་ཆེན།……061

四裂红景天 *Rhodiola quadrifida* བྲ་ཚན་ལོ་ཕྲ།……061

唐古特红景天 *Rhodiola algida* གཡའ་ཚན།……062

喜马红景天 *Rhodiola himalensis* གངས་ཚན།……062

小丛红景天 *Rhodiola dumulosa* ཚན་རིགས་ཤིག……062

德钦红景天 *Rhodiola atuntsuensis* བདེ་ཆེན་ཚན་དམར།……063

景天属……063

隐匿景天 *Sedum celatum* གཞན་སྦུབ་རིགས་ཤིག……063

尖叶景天 *Sedum fedtschenkoi* གཞན་སྦུབ་ལོ་འབིགས།……063

**虎耳草科**

虎耳草属……064

唐古特虎耳草 *Saxifraga tangutica* ཟངས་ཏིག་ཧྲན་སྐྱེས།……064

青藏虎耳草 *Saxifraga przewalskii* ཟངས་ཏིག་ཞུང་སྐྱེས།……064

黑蕊虎耳草 *Saxifraga melanocentra* འོད་ལྡན་ཏིག་ཏ།……064

山地虎耳草 *Saxifraga montana* ཟངས་ཏིག་ཁེར་སྐྱེས།……065

优越虎耳草 *Saxifraga egregia* སུམ་ཏིག་རིགས་ཤིག……065

爪瓣虎耳草 *Saxifraga unguiculata* སུམ་ཏིག་རིགས་ཤིག……065

梅花草属……066

三脉梅花草 *Parnassia trinervis* ཀ་ཐུར་མེ་ཏོག……066

茶藨属……066

糖茶藨子 *Ribes himalense* སེལ་ནག……066

冰川茶藨子 *Ribes glaciale* སེའུ་ཤིང་རིགས་ཤིག……066

东方茶藨子 *Ribes orientale* སེའུ་ཤིང་རིགས་ཤིག……067

瘤糖茶藨子 *Ribes himalense* སེའུ་ཤིང་རིགས་ཤིག……067

长刺茶藨子 *Ribes alpestre* སེའུ་ཤིང་རིགས་ཤིག……067

**蔷薇科**

绣线菊属……068

高山绣线菊 *Spiraea alpina* སྨག་ཤད།……068

鲜卑花属……068

窄叶鲜卑花 *Sibiraea angustata* ཉ་བྲུག་དངུལ་མགོ……068

栒子属……068

匍匐栒子 *Cotoneaster adpressus* བྲག་འབྲུམ།……068

灰栒子 *Cotoneaster acutifolius* ཚར་འབྲུམ།……069

无尾果属……069

无尾果 *Coluria longifolia* ས་སྲོས། ……069
草莓属 ……069
东方草莓 *Fragaria orientalis* འབྲི་ཏ་ས་འཛིན་མཆོག ……069
山莓草属 ……070
隐瓣山莓草 *Sibbaldia procumbens* རི་སེ་བ་རིགས་ཤིག ……070
委陵菜属 ……070
金露梅 *Potentilla fruticosa* སྤེན་ནག ……070
小叶金露梅 *Potentilla parvifolia* སྤེན་མ་སོན་ཆུང་། ……070
二裂委陵菜 *Potentilla bifurca* རི་བོང་གྲོ་མ། ……071
鹅绒委陵菜 *Potentilla anserina* གྲོ་མ། ……071
钉柱委陵菜 *Potentilla saundersiana* རྒྱ་མཁྲིས་དམན་པ། ……071
华西委陵菜 *Potentilla potaninii* རྒྱ་མཁྲིས་རིགས་ཤིག ……072
多茎委陵菜 *Potentilla multicaulis* རྒྱ་མཁྲིས་རིགས་ཤིག ……072
蔷薇属 ……072
扁刺蔷薇 *Rosa sweginzowii* སེ་བ་ཆེར་ལེབ་མ། ……072
苹果属 ……073
花叶海棠 *Malus transitoria* ཧོ་སེ་ཤིང་། ……073
蕨麻属 ……073
蕨麻 *Argentina anserina* གྲོ་མ། ……073
花楸属 ……073
湖北花楸 *Sorbus rehderiana* ཟླ་མོ། ……073
金露梅属 ……074
银露梅 *Dasiphora glabra* སྤེན་དཀར། ……074
悬钩子属 ……074
紫色悬钩子 *Rubus irritans* ག་བྲ་ཆུང་བ། ……074

豆科

黄华属 ……074
披针叶黄华 *Thermopsis lanceolata* དུག་སྲད་སེར་པོ། ……074
苜蓿属 ……075
天蓝苜蓿 *Medicago lupulina* འབུ་སུ་སེར་པོ། ……075
青海苜蓿 *Medicago archiducis-nicolai* མཚོ་སྔོན་འབུ་སུ་ཧྲང་། ……075
苦马豆属 ……075
苦马豆 *Sphaerophysa salsula* སྲད་དམར། ……075
锦鸡儿属 ……076
甘蒙锦鸡儿 *Caragana opulens* བྲ་མ། ……076
短叶锦鸡儿 *Caragana brevifolia* བྲ་མ་སོན་ཆུང་། ……076

鬼箭锦鸡儿 *Caragana jubata* མཛེ་མོ་ཤིང་ཆུང་བ།······076
黄耆属······077
黑紫花黄耆 *Astragalus przewalskii* ཁྲུང་སྲད་སྨུག་ནག······077
西北黄耆 *Astragalus fenzelianus* ནུབ་བྱང་སྲད་སེར།······077
马衔山黄耆 *Astragalus mahoschanicus* སྲད་སེར་རིགས་ཤིག······077
多枝黄耆 *Astragalus polycladus* ཁྲུང་སྲད་ཀང་མང་།······078
斜茎黄耆 *Astragalus adsurgens* སྲད་སྨུག······078
青海黄耆 *Astragalus tanguticus* ཁྲུང་སྲད་ས་ཉལ།······078
团垫黄耆 *Astragalus arnoldii* སྲད་རིགས་ཤིག······079
高山豆属······079
高山豆 *Tibetia himalaica* མཐོ་སྒང་སྲད་མ།······079
棘豆属······079
黄花棘豆 *Oxytropis ochrocephala* གླུང་སྲད་སེར་པོ།······079
甘肃棘豆 *Oxytropis kansuensis* གླུང་སྲད་སེར་ཆུང་།······080
镰形棘豆 *Oxytropis falcate* ཐོ་སྟག་ཤ······080
米尔克棘豆 *Oxytropis merkensis* མེར་ཁུ་སྲད་མ།······080
宽苞棘豆 *Oxytropis latibracteata* ཐོ་སྟག་ཤ་རིགས་ཤིག······081
岩黄芪属······081
红花岩黄芪 *Hedysarum multijugum* བཙའ་མ་དམར་པོ།······081
锡金岩黄芪 *Hedysarum sikkimense* འབྲས་ལྗོངས་བཙའ་མ།······082
块茎岩黄芪 *Hedysarum algidum* བཙའ་མ་རྡོག་རྩད་ཅན།······082
唐古特岩黄芪 *Hedysarum tanguticum* གདང་ལའི་བཙའ་མ།······082
野豌豆属······083
歪头菜 *Vicia unijuga* རི་སྲན་ལོ་ལེབ།······083
窄叶野豌豆 *Vicia angustifolia* སྲན་མ་ལོ་ཕྲ་མ།······083
救荒野豌豆 *Vicia sativa* སྲན་རིགས་ཤིག······083
山野豌豆 *Vicia amoena* རི་སྐྱེས་སྲན་རིལ།······084
西藏野豌豆 *Vicia tibetica* བོད་ལྗོངས་རི་སྐྱེས་སྲན་རིལ།······084
野决明属······084
高山黄华 *Thermopsis alpina* མཐོ་སྒང་དང་མ་སེར་པོ།······084
蔓黄芪属······085
米林蔓黄芪 *Phyllolobium milingense* སྨན་གླིང་སྲད་སེར།······085
紫穗槐属······085
紫穗槐 *Amorpha fruticosa* སྲད་རིགས་ཤིག······085
牻牛儿苗科
熏倒牛属······085

熏倒牛 *Biebersteinia heterostemon* མིང་ཅན་ནག་པོ།……085
老鹳草属……086
草地老鹳草 *Geranium pratense* ཕོར་ཚུང་།……086
甘青老鹳草 *Geranium pylzowianum* ཀླ་སྣང་གཡུང་བ།……086
鼠掌老鹳草 *Geranium sibiricum* དུང་ཕོར།……086
亚麻科
亚麻属……087
宿根亚麻（多年生亚麻） *Linum perenne* ཟར་མ།……087
大戟科
大戟属……087
青藏大戟 *Euphorbia altotibetica* དུང་བྱིད་སེར་པོ།……087
甘青大戟 *Euphorbia micractina* ཁྲོན་བུ།……087
甘肃大戟 *Euphorbia kansuensis* ཐར་ཆེན།……088
泽漆 *Euphorbia helioscopia* དུར་བྱིད།……088
锦葵科
锦葵属……089
野葵 *Malva verticillata* བོད་ལྕུམ།……089
柽柳科
水柏枝属……089
具鳞水柏枝 *Myricaria squamosa* འོམ་བུ།……089
匍匐水柏枝 *Myricaria prostrata* འོམ་ལེབ།……089
堇菜科
堇菜属……090
鳞茎堇菜 *Viola bulbosa* ཏ་མིག་བེའོ་ལྷུ།……090
圆叶堇菜 *Viola striatella* ཏ་མིག་སོན་སྒོར་མ།……090
瑞香科
狼毒属……090
狼毒 *Stellera chamaejasme* རེ་ལྕག་པ།……090
瑞香属……091
甘肃瑞香 *Daphne tangutica* སྲིན་ཤིང་སྣ་མ།……091
凹叶瑞香 *Daphne retusa* སྲིན་ཤིང་སྣ་མ་རིགས་ཤིག……091
唐古特瑞香 *Daphne tangutica* སྲིན་ཤིང་སྣ་མ།……091
胡颓子科
沙棘属……092
肋果沙棘 *Hippophae neurocarpa* བར་སྐྱར།……092
胡子科

沙棘属 ······092

西藏沙棘 *Hippophae thibetana* ས་སྟར། ······092

中国沙棘 *Hippophae rhamnoides* གནམ་སྟར། ······092

柳叶菜科

柳兰属 ······093

柳兰 *Chamaenerion angustifolium* སྤོ་དུག་མོ་ཅུང་། ······093

柳叶菜属 ······093

沼生柳叶菜 *Epilobium palustre* ཤམ་ལེ་ཧྣན་སྐྱེས། ······093

露珠草属 ······093

高山露珠草 *Circaea alpina* ལྷུམ་ཟིལ་འཛིན། ······093

杉叶藻科

杉叶藻属 ······094

杉叶藻 *Hippuris vulgaris* འདབ་ཞུ་ཀ་ར། ······094

伞形科

独活属 ······094

裂叶独活 *Heracleum millefolium* འབམ་སྤྲུ། ······094

白亮独活 *Heracleum candicans* སྤྲུ་དཀར། ······094

藁本属 ······095

长茎藁本 *Ligusticum thomsonii* ཤུ་ཏྲི་ཡུ་རིང་། ······095

柴胡属 ······096

黑柴胡 *Bupleurum smithii* ཟི་ར་ནག་པོ། ······096

迷果芹属 ······096

迷果芹 *Sphallerocarpus gracilis* ཏ་སྙོད། ······096

羌活属 ······097

羌活 *Notopterygium incisum* སྤྲུ་ནག ······097

宽叶羌活 *Notopterygium forbesii* སྤྲུ་མ་རིགས་ཤིག ······097

葛缕子属 ······098

葛缕子 *Carum carvi* གོ་སྙོད། ······098

茴香属 ······098

茴香 *Foeniculum vulgare* གོ་སྙོད། ······098

棱子芹属 ······099

松潘棱子芹 *Pleurospermum franchetianum* ཙད་ཆེན། ······099

西藏棱子芹 *Pleurospermum hookeri* བོད་ཙད། ······099

杜鹃花科

杜鹃花属 ······100

烈香杜鹃 *Rhododendron anthopogonoides* ད་ལི་དྲི་ཞིམ། ······100

头花杜鹃 *Rhododendron capitatum* ད་ལི་ནག་པོ། ……100
百里香杜鹃 *Rhododendron thymifolium* སུར་ནག ……100
陇蜀杜鹃 *Rhododendron przewalskii* སྟག་མ་དཀར་པོ། ……101

报春花科

海乳草属……101
海乳草 *Glaux maritima* སྲམ་བུ། ……101
羽叶点地梅属 ……101
羽叶点地梅 *Pomatosace filicula* རེ་སྐོན་སྣ་ཏིག ……101
点地梅属……102
直立点地梅 *Androsace erecta* ཤང་དྲིལ་རིགས་ཤིག ……102
白花点地梅 *Androsace incana* སྣ་ཏིག་དཀར་པོ། ……102
西藏点地梅 *Androsace mariae* སྣ་ཏིག་ནག་པོ། ……102
垫状点地梅 *Androsace tapete* སྤང་ཨ་གྲོང་། ……103
雅江点地梅 *Androsace yargongensis* སྣ་ཏིག་རིགས་ཤིག ……103
报春花属……103
甘青报春 *Primula tangutica* ཛ་ཤང་སྨུག་ནག ……103
岷山报春 *Primula woodwardii* མིང་ཧྲན་རི་བོའི་ཤང་དྲིལ། ……104
天山报春 *Primula nutans* ཐེན་ཧྲན་རི་བོའི་ཤང་དྲིལ། ……104
黄花粉叶报春 *Primula flava* ཤང་སྣུ་དུག་སེར། ……104
球花报春 *Primula denticulata* ཤང་དྲིལ་རིགས་ཤིག ……105
西藏报春 *Primula tibetica* བོད་ལྗོངས་ཤང་དྲིལ། ……105
狭萼报春 *Primula stenocalyx* ཤང་དྲིལ་རིགས་ཤིག ……105
心愿报春 *Primula optata* ཤང་དྲིལ་རིགས་ཤིག ……106
圆瓣黄花报春 *Primula orbicularis* སྤང་ཤང་སེར་ཆེན། ……106
紫花雪山报春 *Primula sinopurpurea* ཤང་དྲིལ་རིགས་ཤིག ……106
紫罗兰报春花 *Primula purdomii* ན་ཤང་རྒྱ་སྨུག ……107

白花丹科（蓝雪科）

鸡娃草属……107
鸡娃草 *Plumbagella micrantha* བཙག་རྩོད། ……107

龙胆科

龙胆属 ……107
麻花艽 *Gentiana straminea* ཀྱི་ལྕེ་དཀར་པོ། ……107
达乌里秦艽 *Gentiana dahurica* ཀྱི་ལྕེ་རིགས་ཤིག ……108
管花秦艽 *Gentiana siphonantha* ཀྱི་ལྕེ་སྔོ་ནག ……108
蓝玉簪龙胆 *Gentiana veitchiorum* སྤང་རྒྱན་སྔོན་པོ། ……108
线叶龙胆 *Gentiana lawrencei* སྤང་རྒྱན་ལོ་ཕྲམ། ……109

刺芒龙胆 *Gentiana aristata* ཀེ་བྲ་སྔོ་དམར།……109
条纹龙胆 *Gentiana striata* སྤང་རྒྱན་སེར་ཕྲ།……109
偏翅龙胆 *Gentiana pudica* སྤང་རྒྱན་རིགས་ཤིག……110
蓝白龙胆 *Gentiana leucomelaena* ཀེ་བྲ་སྔོ་དཀར།……110
假水生龙胆 *Gentiana pseudo-aquatica* སྤང་རྒྱན་རིགས་ཤིག……110
粗茎秦艽 *Gentiana crassicaulis* ཀྱི་ལྕེ་རིགས་ཤིག……111
大花龙胆 *Gentiana szechenyii* སྤང་རྒྱན་རིགས་ཤིག……111
高山龙胆 *Gentiana algida* སྤང་རྒྱན་དཀར་པོ།……111
短柄龙胆 *Gentiana stipitata* སྤང་རྒྱན་ཡུ་ཐུང་།……112
青藏龙胆 *Gentiana futtereri* སྤང་རྒྱན་སྔོན་པོ།……112
湿生扁蕾 *Gentianopsis paludosa* ལྕགས་ཏིག་སྔོན་པོ།……112
扁蕾 *Gentianopsis barbata* ལྕགས་ཏིག……113
假龙胆属……113
黑边假龙胆 *Gentianella azurea* འཁོར་འདྲ་མཐའ་ནག……113
肋柱花属……113
肋柱花 *Lomatogonium carinthiacum* དཔལ་ཏིག……113
合萼肋柱花 *Lomatogonium gamosepalum* ཏིག་ཏ་རིགས་ཤིག……114
獐牙菜属……114
抱茎獐牙菜 *Swertia franchetiana* ལྕགས་ཏིག་རིགས་ཤིག……114
四数獐牙菜 *Swertia tetraptera* དཔལ་ཏིག་རིགས་ཤིག……114
华北獐牙菜 *Swertia wolfgangiana* སྣ་ཏིག……115
花锚属……115
椭圆叶花锚 *Halenia elliptica* ལྕགས་ཏིག་སྔོ་ཆུང་།……115
喉毛花属……116
喉毛花 *Comastoma pulmonarium* ལྕགས་ཏིག་རིགས་ཤིག……116
紫草科
糙草属……116
糙草 *Asperugo procumbens* ནད་མ་གཡུ་ལོ།……116
微孔草属……116
西藏微孔草 *Microula tibetica* ནད་མ་སྨུན་བུ།……116
小花西藏微孔草 *Microula tibetica* ནད་མ་སྨུན་བུ།……117
微孔草 *Microula sikkimensis* ནད་མ་སྐྱིབ་མ།……117
小微孔草 *Microula younghusbandii* ནད་མ་རིགས་ཤིག……117
唇形科
筋骨草属……118
白苞筋骨草 *Ajuga lupulina* ཟིན་ཏིག་དཀར་པོ།……118

香薷属 ······118
密穗香薷 *Elsholtzia densa* བྱི་རུག་ནག་པོ། ······118
高原香薷 *Elsholtzia feddei* བྱི་རུག་རིགས་ཤིག ······118
鼠尾草属 ······119
粘毛鼠尾草 *Salvia roborowskii* ཞིམ་ཐིག་སེར་པོ། ······119
黄芩属 ······119
甘肃黄芩 *Scutellaria rehderiana* བྲི་ཡང་ཀུ་ཆེན། ······119
鼬瓣花属 ······119
鼬瓣花 *Galeopsis bifida* ཞིམ་ཐིག་སངས་རྒྱས་མཆུ་འཛིབ། ······119
水苏属 ······120
甘露子 *Stachys sieboldii* ཀླུ་རྡེ་སྨུག་ཆུང་། ······120
青兰属 ······120
甘青青兰 *Dracocephalum tanguticum* བྲི་ཡང་ཀུ། ······120
异叶青兰 *Dracocephalum heterophyllum* འཛིབ་རྩེ་དཀར་པོ། ······120
荆芥属 ······121
康藏荆芥 *Nepeta prattii* འཛིབ་རྩེ་ཆེན་མོ། ······121
独一味属 ······121
独一味 *Lamiophlomis rotate* ཧྲ་ལྤགས་པ། ······121
野芝麻属 ······121
宝盖草 *Lamium amplexicaule* ཁྲག་ལྷམ་ལོ་འཁོར་མ། ······121
糙苏属 ······122
尖齿糙苏 *Phlomis dentosa* ཞིམ་ཐིག་རིགས་ཤིག ······122
茄科
马尿泡属 ······122
马尿泡 *Przewalskia tangutica* ཐང་ཕྲོམ་དཀར་པོ། ······122
山莨菪属 ······122
唐古特山莨菪 *Anisodus tanguticus* ཐང་ཕྲོམ་ནག་པོ། ······122
列当科
草苁蓉属 ······123
丁座草 *Boschniakia himalaica* ལྷམ་ཤོ་ཀ། ······123
玄参科
肉果草属 ······123
肉果草 *Lancea tibetica* པ་ཡག་པ། ······123
婆婆纳属 ······123
长果婆婆纳 *Veronica ciliata* ལྷམ་ནག་དོམ་མཁྲིས། ······123
两裂婆婆纳 *Veronica biloba* ལྷམ་ནག་དོམ་མཁྲིས་རིགས་ཤིག ······124

光果婆婆纳 *Veronica rockii* ཞུམ་ནག་དོམ་མཁྲིས་རིགས་ཤིག ......124
小米草属......124
短腺小米草 *Euphrasia regelii* སྒྲུ་ཀ་མེ་ཏོག......124
兔耳草属......125
短穗兔耳草 *Lagotis brachystachya* འབྲི་ཏ་ས་འཛིན།......125
短管兔耳草 *Lagotis brevituba* ཧོང་ལེན།......125
圆穗兔耳草 *Lagotis ramalana* ཧོང་ལེན་རིགས་ཤིག......125
马先蒿属......126
儒侏马先蒿 *Pedicularis pygmaea* འཇིབ་རྩེ་རིགས་ཤིག......126
黄花鸭首马先蒿 *Pedicularis anas* འཇིབ་རྩེ་རིགས་ཤིག......126
甘肃马先蒿 *Pedicularis kansuensis* འཇིབ་རྩེ་སྨུག་པོ།......127
碎米蕨叶马先蒿 *Pedicularis cheilanthifolia* འཇིབ་རྩེ་སེར་ཆུང་།......127
阿拉善马先蒿 *Pedicularis alaschanica* གོད་མཆུ་སེར་པོ།......127
华马先蒿 *Pedicularis oederi* འཇིབ་རྩེ་རིགས་ཤིག......128
中国马先蒿 *Pedicularis chinensis* ཀྲུང་གོ་ལུག་རུ།......128
斑唇马先蒿 *Pedicularis longiflora* ལུག་རུ་སེར་པོ།......128
大唇马先蒿 *Pedicularis rhinanthoides* ཕོ་གླང་།......129
阴郁马先蒿 *Pedicularis tristis* འཇིབ་རྩེ་རིགས་ཤིག......129
粗野马先蒿 *Pedicularis rudis* གླང་སྣ་རིགས་ཤིག......129
白花甘肃马先蒿 *Pedicularis kansuensis* ཀན་སུའུ་གླང་སྣ།......130
大唇拟鼻花马先蒿 *Pedicularis rhinanthoides* འཇིབ་རྩེ་རིགས་ཤིག......130
半扭卷马先蒿 *Pedicularis semitorta* གླ་སྣ་སེར་ཆེན།......131
大拟鼻花马先蒿 *Pedicularis rhinanthoides* འཇིབ་རྩེ་རིགས་ཤིག......131
轮叶马先蒿 *Pedicularis verticillata* འཇིབ་རྩེ་སྨུག་འཁོར།......131
凸额马先蒿 *Pedicularis cranolopha* ལུག་རུ་དཀར་པོ།......132
紫葳科
角蒿属......132
密花角蒿 *Incarvillea compacta* ཨུག་ཆོས་དམར་པོ།......132
车前科
车前属......132
平车前 *Plantago depressa* ཐ་རམ།......132
茜草科
拉拉藤属......133
蓬子菜 *Galium verum* ཟངས་རྩེ་རིགས་ཤིག......133
猪殃殃 *Galium spurium* ཟངས་རྩེ་འབྲུག་ལག......133
拉拉藤 *Galium spurium* ཟངས་རྩེ་བ།......133

忍冬科

忍冬属 …… 134

矮生忍冬 *Lonicera minuta* ཕྲི་ཤིང་ལེབ་མོ། …… 134

岩生忍冬 *Lonicera rupicola* ཕྲི་ཤིང་། …… 134

刚毛忍冬 *Lonicera hispida* འཕང་སྨ། …… 134

败酱科

缬草属 …… 135

缬草 *Valeriana pseudofficinalis* རྡོམ་སྤོས། …… 135

甘松属 …… 135

甘松 *Nardostachys chinensis* སྤང་སྤོས། …… 135

川续断科

翼首花属 …… 136

匙叶翼首花 *Pterocephalus hookeri* སྤང་རྩི་དོ་བོ། …… 136

刺续断属 …… 136

白花刺参 *Morina alba* ཕྱི་ཚེར་དཀར་མོ། …… 136

圆萼刺参 *Morina chinensis* ཕྱུག་ཚེར་ཡོག་པོ། …… 136

桔梗科

沙参属 …… 137

长柱沙参 *Adenophora stenanthina* ཀླུ་བདུད་རྡོ་རྗེ་ཀང་རིང་། …… 137

喜马拉雅沙参 *Adenophora himalayana* ཧི་མ་ཀོ་ཏེ། …… 137

风铃草属 …… 137

钻裂风铃草 *Campanula aristata* སྙི་བ། …… 137

党参属 …… 138

脉花党参 *Codonopsis foetens* ཀླུ་བདུད་ནག་པོ། …… 138

菊科

狗娃花属 …… 138

阿尔泰狗娃花 *Heteropappus altaicus* མིང་ཅན་ཆུང་བ། …… 138

紫菀属 …… 138

灰枝紫菀 *Aster poliothamnus* ཕུ་གུ་ཤིང་ཆུང་། …… 138

柔软紫菀 *Aster flaccidus* རྒྱལ་བའི་སྤྱན། …… 139

夏河紫菀 *Aster yunnanensis* མིང་ཅན་དོམ་རལ། …… 139

云南紫菀 *Aster yunnanensis* ཕུན་ནན་ལུག་མིག …… 139

重冠紫菀 *Aster diplostephioides* ལུག་མིག་རིགས་ཤིག …… 140

高山紫菀 *Aster alpinus* མེ་ཏོག་ལུག་མིག …… 140

萎软紫菀 *Aster flaccidus* ལུག་མིག་རིགས་ཤིག …… 140

狭苞紫菀 *Aster farreri* ལུག་མིག …… 141

飞蓬属 ········································································ 141
飞蓬 *Erigeron acris* རྒྱ་ཁུར་ནག་པོ། ········································ 141
火绒草属 ······································································ 141
美头火绒草 *Leontopodium calocephalum* སྤྲ་བོག་པ། ···················· 141
矮火绒草 *Leontopodium nanum* ན་སྤྲ་སུག་ཕུང་། ····························· 142
香芸火绒草 *Leontopodium haplophylloides* སྤྲ་བོག་པ་དྲི་ཞིམ། ··········· 142
火绒草 *Leontopodium leontopodioides* སྤྲ་བོག་པ། ··························· 142
香青属 ········································································ 143
铃铃香青 *Anaphalis hancockii* གཀྲ་ཧྲ་དྲ་རིགས་ཤིག ······················ 143
乳白香青 *Anaphalis lactea* གཀྲ་ཧྲ་དྲ། ········································ 143
淡黄香青 *Anaphalis flavescens* གཀྲ་ཧྲ་དྲ་རིགས་ཤིག ······················ 143
二色香青 *Anaphalis bicolor* སྤྲ་བོག་པ་རིགས་ཤིག ························· 144
匹菊属 ········································································ 144
川西小黄菊 *Pyrethrum tatsienense* གཟེར་འཇོམས། ··························· 144
亚菊属 ········································································ 144
细叶亚菊 *Ajania tenuifolia* འཕན་ཆུང་ལོ་ཧྲིག ································ 144
细裂亚菊 *Ajania przewalskii* འཕན་ཆུང་གསེར་མགོ། ··························· 145
蒿属 ·········································································· 145
臭蒿 *Artemisia hedinii* ཟངས་རྩེ་ནག་པོ། ······································· 145
白莲蒿 *Artemisia sacrorum* མཁན་པ་རིགས་ཤིག ······························ 145
牛尾蒿 *Artemisia dubia* མཁན་པ་གླང་ཇ། ········································ 146
灰苞蒿 *Artemisia roxburghiana* མཁན་པ་རིགས་ཤིག ··························· 146
东俄洛沙蒿 *Artemisia desertorum* ཚར་བོང་དཀར་པོ། ························· 146

菊科

蒿属 ·········································································· 147
蒙古蒿 *Artemisia mongolica* མཁན་རིགས་ཤིག ································· 147
狗舌草属 ······································································ 147
橙红狗舌草 *Tephroseris rufa* ཨ་ཐུག་པ། ······································ 147
千里光属 ······································································ 147
高原千里光 *Senecio diversipinnus* ཡུ་གུ་ཤིང་རིགས་ཤིག ····················· 147
天山千里光 *Senecio thianschanicus* གསེར་མེ་བྲག་སྐྱེས། ······················· 148
橐吾属 ········································································ 148
掌叶橐吾 *Ligularia przewalskii* ཤོ་མང་འབྲུག་ལག ····························· 148
箭叶橐吾 *Ligularia sagitta* ཤོ་མང་ལོ་ཕྲ། ······································· 148
黄帚橐吾 *Ligularia virgaurea* ཤོ་མང་ཧྲ་ཛ། ···································· 149
疏序黄帚橐吾 *Ligularia virgaurea* ཙ་ཤོ ········································· 149

唐古特橐吾 *Ligularia tangutorum* ཀླ་སོ།……149
垂头菊属……150
条叶垂头菊 *Cremanthodium lineare* ན་ཀླ་ཅིག་སྐྱེས།……150
车前状垂头菊 *Cremanthodium ellisii* ཞོ་ཀླ།……150
盘花垂头菊 *Cremanthodium discoideum* ཀླ་སོ་ནག་ཆུང་།……150
矮垂头菊 *Cremanthodium humile* ཀླ་སོ་རིགས་ཤིག……151
褐毛垂头菊 *Cremanthodium brunneopiloesum* ཞོ་ཀླ་ཆེ་བ།……151
黄缨菊属……151
黄缨菊 *Xanthopappus subacaulis* འཕྱི་ཚེར་སེར་པོ།……151
蓟属……152
刺儿菜 *Cirsium setosum* སྤང་ཚེར།……152
葵花大蓟 *Cirsium souliei* སྤང་ཚེར་ནག་པོ།……152
藏蓟 *Cirsium lanatum* སྤང་ཚེར་རིགས་ཤིག……152
飞廉属……153
丝毛飞廉 *Carduus crispus* ཧ་ཚེར་མ།……153
风毛菊属……153
瑞苓草（钝苞雪莲） *Saussurea nigrescens* གོན་པ་རིགས་ཤིག……153
星状风毛菊 *Saussurea stella* ཞོ་ཁྲུང་སྡེར་སྨུག་པོ།……153
抱茎风毛菊 *Saussurea chingiana* གོན་པ་རིགས་ཤིག……154
美丽风毛菊 *Saussurea pulchra* ཞོ་སྦྱི་བཞུར།……154
重齿风毛菊 *Saussurea katochaete* གོན་པ་མཁྲིགས་ལོ།……154
狮牙风毛菊 *Saussureale leontodontoides* གོན་པ་རིགས་ཤིག……155
柳叶菜风毛菊 *Saussurea epilobioides* གླུང་སྐྱེས་སྤབ་སེང་།……155
川西风毛菊 *Saussurea dzeurensis* གོན་པ་རིགས་ཤིག……155
东俄洛风毛菊 *Saussurea pachyneura* གོན་པ་རིགས་ཤིག……156
禾叶风毛菊 *Saussurea graminea* རྩྭ་མཁྲིས་བ་མོ་ཁ།……156
水母雪兔子 *Saussurea medusa* ཅུ་གོད་ཤུག་པ།……156
唐古特雪莲 *Saussurea tangutica* གཟའ་བདུད་ནག་པོ།……157
弯齿风毛菊 *Saussurea przewalskii* གོན་པ་རིགས་ཤིག……157
异色风毛菊 *Saussurea brunneopilosa* རྩ་མཁྲིས་བ་མོ་ཁ་རིགས་ཤིག……157
顶羽菊属……158
顶羽菊 *Acroptilon repens* ལུག་ཚེར་སོན་སྒྲོ་མ།……158
毛连菜属……158
毛连菜 *Picris hieracioides* རྒྱ་ཁུར་རྐང་རིང་།……158
蒲公英属……158
蒲公英 *Taraxacum mongolicum* ཁུར་མང་།……158

灰果蒲公英（川藏蒲公英） *Taraxacum maurocarpum* ཁུར་མང་རིགས་ཤིག 159
白缘蒲公英 *Taraxacum platypecidum* ཁུར་མང་པ། ······ 159
苦苣菜属 ······ 159
苣荬菜 *Sonchus arvensis* ཕ་ཁུར་ལོ་ལེབ། ······ 159
绢毛菊属 ······ 160
糖芥绢毛菊 *Soroseris erysimoides* སྲོལ་གོང་སེར་པོ། ······ 160
毛鳞菊属 ······ 160
川甘毛鳞菊 *Chaetoseris roborowskii* ཁུར་སྔུག ······ 160
黄鹌菜属 ······ 160
无茎黄鹌菜 *Youngia simulatrix* ཡི་ཁུར་ཤུག་ལོ། ······ 160
蟹甲草属 ······ 161
三角叶蟹甲草 *Parasenecio deltophyllus* སེ་མང་གཟེ་སེན་མ། ······ 161
鸦葱属 ······ 161
鸦葱 *Takhtajaniantha austriaca* ཁུར་ཚུང་། ······ 161
眼子菜科
水麦冬属 ······ 161
海韭菜 *Triglochin maritimum* ན་རམ། ······ 161
水麦冬 *Triglochin palustre* ཚུ་རམ། ······ 162
禾本科
臭草属 ······ 162
甘肃臭草 *Melica przewalskyi* ཀན་སུའུ་འབྲས་རྩྭ། ······ 162
羊茅属 ······ 162
羊茅 *Festuca ovina* ལུག་རྩྭ། ······ 162
毛稃羊茅 *Festuca rubra* ལུག་རྩྭ་རིགས་ཤིག ······ 163
中华羊茅 *Festuca sinensis* ལུག་རྩྭ་སྐྱེ་རིང་། ······ 163
紫羊茅 *Festuca rubra* ལུག་རྩྭ་སྨུག་པོ། ······ 163
早熟禾属 ······ 164
草地早熟禾 *Poa pratensis* ལྐུས་བླས་རྩྭ། ······ 164
青海草地早熟禾 *Poa Pratensis* མཚོ་སྔོན་ལྐུས་བླས་རྩྭ། ······ 164
冷地早熟禾 *Poa crymophila* བླས་རྩྭ་རིགས་ཤིག ······ 164
胎生早熟禾 *Poa attenuata* བླས་རྩྭ་རིགས་ཤིག ······ 165
波伐早熟禾 *Poa albertii* བླས་རྩྭ་རིགས་ཤིག ······ 165
垂枝早熟禾 *Poa szechuensis* བླས་རྩྭ་སྐྱེ་དཔྱངས། ······ 165
密花早熟禾 *Poa pachyantha* བླས་རྩྭ་རིགས་ཤིག ······ 166
雀麦属 ······ 166
旱雀麦 *Bromus tectorum* བྱིའུ་ཕྱུག་མགོ་དུད། ······ 166

无芒雀麦 *Bromus inermis* བྲིའུ་ཡུག་ཡོག་མོ། ······ 167
大雀麦 *Bromus magnus* བྲིའུ་ཡུག་རིགས་ཤིག ······ 167
华雀麦 *Bromus sinensis* བྲིའུ་ཡུག་རིགས་ཤིག ······ 167
短柄草属 ······ 168
短柄草 *Brachypodium sylvaticum* རྩྭ་ཡུ་ཐུང་། ······ 168
鹅观草属 ······ 168
贫花鹅观草 *Roegneria pauciflora* གག་རྩྭ་ལྷུག་ལྷེ་མ། ······ 168
以礼草属 ······ 168
大颖草 *Kengyilia grandiglumis* འཇག་མ་རིགས་ཤིག ······ 168
糙毛以礼草 *Kengyilia hirsuta* འཇག་མ་རིགས་ཤིག ······ 169
冰草属 ······ 169
冰草 *Agropyron cristatum* ལྕགས་རྩྭ། ······ 169
披碱草属 ······ 169
垂穗披碱草 *Elymus nutans* རྩེ་ནག་མགོ་དུད། ······ 169
老芒麦 *Elymus sibiricus* རྩེ་ནག་སོན་མང་། ······ 170
麦薲草 *Elymus tangutorum* འཇག་མ་རིགས་ཤིག ······ 170
赖草属 ······ 170
赖草 *Leymus secalinus* འཇག་མ། ······ 170
宽穗赖草 *Leymus ovatus* འཇག་མ་སྙེ་ལེབ། ······ 171
异燕麦属 ······ 171
藏异燕麦 *Helictotrichon tibeticum* ཤུ་རྩྭ་ཤིང་མཐོ་རིགས་ཤིག ······ 171
异燕麦 *Helictochloa hookeri* ཤུ་རྩྭ་ཤིང་མཐོ། ······ 171
发草属 ······ 172
发草 *Deschampsia cespitosa* གླས་རྩྭ་རིགས་ཤིག ······ 172
滨发草 *Deschampsia littoralis* གླས་རྩྭ་རིགས་ཤིག ······ 172
茅香属 ······ 173
光稃茅香（光稃香草）*Hierochloe glabra* ཞིམ་རྩྭ། ······ 173
拂子茅属 ······ 173
假苇拂子茅 *Calamagrostis pseudophragmites* ལུག་རྩྭ་རིགས་ཤིག ······ 173
菵草属 ······ 173
菵草 *Beckmannia syzigachne* རྩྭ་རྡེ་ཁི་མན་ནི། ······ 173
落芒草属 ······ 174
落芒草 *Oryzopsis munroi* སྟོང་རྩྭ། ······ 174
针茅属 ······ 174
异针茅 *Stipa aliena* ཟུག་རྩྭ་རིགས་ཤིག ······ 174
紫花针茅 *Stipa purpurea* ཟུག་རྩྭ་སྨུག་པོ། ······ 174

丝颖针茅 *Stipa capillacea* ཐྭག་རྩྭ་སྦྲིམ་མ།……175
西北针茅 *Stipa sareptana* ནུབ་བྱང་ཐྭག་རྩྭ།……175
芨芨草属……175
芨芨草 *Achnatherum splendens* རྩེ་རྒོད།……175
醉马草 *Achnatherum inebrians* ཁྲི་དུག……176
细柄茅属……176
双叉细柄茅 *Ptilagrostis dichotoma* བྱིའུ་རྩྭ།……176
狼尾草属……176
白草 *Pennisetum centrasiaticum* དུར་བ།……176
㓻草属……177
㓻草 *Koeleria cristata* རྩྭ་ཀུ་ཤ་རིགས་ཤིག……177
芒㓻草 *Koeleria litvinowii* རྩྭ་ཀུ་ཤ……177
剪股颖属……177
小花剪股颖 *Agrostis micrantha* ཀླས་རྩྭ་རིགས་ཤིག……177
穗三毛草属……178
长穗三毛草 *Trisetum clarkei* རྩྭ་ཀུ་ཤ་རིགས་ཤིག……178
莎草科
藨草属（针蔺属）……178
球穗藨草 *Scirpus wichurae* ཞྭག་རྩྭ་སྐེ་ཀླུམ།……178
双柱头藨草（双柱头针蔺）*Scirpus distigmaticus* ཞྭག་རྩྭ་ཀ་རྩང་།……178
细秆藨草 *Isolepis setacea* ཞྭག་རྩྭ་རིགས་ཤིག……179
扁穗草属……179
华扁穗草 *Blysmus sinocompressus* ན་རྩྭ་མགོ་ལེབ།……179
嵩草属……179
矮生嵩草 *Kobresia humilis* སྲང་རྩྭ་རྐང་ཐུང་།……179
粗壮嵩草 *Kobresia robusta* སྲང་རྩྭ་རིགས་ཤིག……180
甘肃嵩草 *Carex pseuduncinoides* ཀན་སུའུ་སྲང་རྩྭ།……180
高山嵩草 *Kobresia pygmaea* ས་མཐོའི་སྲང་རྩྭ།……180
禾叶嵩草 *Carex hughii* སྲང་རྩྭ་རིགས་ཤིག……181
西藏嵩草 *Kobresia tibetica* ན་རྩྭ།……181
喜马拉雅嵩草 *Carex kokanica* ཧི་མ་ལ་ཡའི་སྲང་རྩྭ།……181
线叶嵩草 *Kobresia capillifolia* སྲང་རྩྭ་སྐུད་ལོ་མ།……182
薹草属……182
干生薹草 *Carex aridula* མཛོ་རྩྭ་རིགས་ཤིག……182
北疆薹草 *Carex arcatica* མཛོ་རྩྭ་རིགས་ཤིག……182
糙喙薹草 *Carex scabrirostris* མཛོ་རྩྭ་རིགས་ཤིག……183

黑褐穗薹草 *Carex atrofusca* མཛོ་རྩྭ་ཁམ་ནག ······ 183
红棕薹草 *Carex przewalskii* མཛོ་རྩྭ་རིགས་ཤིག ······ 184
尖鳞薹草 *Carex atrata* མཛོ་རྩྭ་རིགས་ཤིག ······ 184
尖苞薹草 *Carex microglochin* མཛོ་རྩྭ་རིགས་ཤིག ······ 185
木里薹草 *Carex muliensis* མུ་ལི་མཛོ་རྩྭ། ······ 185
青藏薹草 *Carex moorcroftii* མཚོ་བོད་མཛོ་རྩྭ། ······ 185
细叶薹草 *Carex duriuscula* མཛོ་རྩྭ་སྐྱུད་ལོ་མ། ······ 186
小薹草 *Carex parva* མཛོ་རྩྭ་ཆུང་བ། ······ 186
伊凡薹草 *Carex ivanovae Egorova* དབྱི་ཧྥན་མཛོ་རྩྭ། ······ 186
藨草属 ······ 186
双柱头藨草 *Trichophorum distigmaticum* ལྷག་རྩྭ་ཀ་ཟུང་རིགས་ཤིག ······ 187
灯心草科
灯心草属 ······ 187
展苞灯心草 *Juncus thomsonii* འོ་རྩྭ་ཕུན་ཕུན། ······ 187
小灯心草 *Juncus bufonius* འོ་རྩྭ་ཆུང་བ། ······ 187
栗花灯心草 *Juncus castaneus* འོ་རྩྭ་རིགས་ཤིག ······ 188
葱状灯芯草 *Juncus allioides* འོམ་རྩྭ་ཚོམ་སྐྱེས། ······ 188
百合科
天门冬属 ······ 188
长花天门冬 *Asparagus longiflorus* ཉེ་ཤིང་རིགས་ཤིག ······ 188
黄精属 ······ 189
卷叶黄精 *Polygonatum cirrhifolium* ར་མཉེ། ······ 189
轮叶黄精 *Polygonatum verticillatum* ར་མཉེ་གྲོ་མོ། ······ 189
葱属 ······ 189
高山韭 *Allium sikkimense* ཅེའུ་སྒོག་དཔལ་སོ་མ། ······ 189
蓝苞葱 *Allium atrosanguineum* སྒོག་རིགས་ཤིག ······ 190
青甘韭 *Allium przewalskianum* འཛིམ་ནག ······ 190
杯花韭 *Allium cyathophorum* སྒོག་རིགས་ཤིག ······ 190
折被韭 *Allium chrysocephalum* ཤ་སྒོག་ཟེའུ་ཡིབ། ······ 191
紫花韭 *Allium subangulatum* སྒོག་སྔོན། ······ 191
百合科
贝母属 ······ 191
梭砂贝母 *Juniperus tibetica* ཨ་ཧྲི་ཁ། ······ 191
甘肃贝母 *Fritillaria przewalskii* ཨའུ་ཙི། ······ 192
天门冬科
黄精属 ······ 192

青海黄精 *Polygonatum qinghaiense* ར་མཉེ་དཀར་པོ།……192

鸢尾科

鸢尾属……193

卷鞘鸢尾 *Iris potaninii* གོ་ཁ་བླ་བསིལ།……193

蓝花卷鞘鸢尾 *Iris potaninii* གྲེས་ལེབ་སྔོན་པོ།……193

锐果鸢尾 *Iris goniocarpa* ཁུ་བྱུག་གྲེས་མ།……193

马蔺 *Iris lactea* མོ་གྲེས།……194

准噶尔鸢尾 *Iris songarica* ཕོ་གྲེས།……194

天山鸢尾 *Iris loczyi* གྲེས་མ་རིགས་ཤིག……195

兰科

杓兰属……195

大花杓兰 *Cypripedium macranthos* ཁུ་བྱུག་པ།……195

盔花兰属……195

河北盔花兰 *Galearis tschiliensis* དབང་ལག་རྐྱོག་ཞུ་མ།……195

小红门兰属……196

广布小红门兰 *Orchis chusuan* དབང་ལག་རིགས་ཤིག……196

绶草属……196

绶草 *Spiranthes sinensis* དབང་ལག་ར་རུ་མ།……196

掌裂兰属……196

凹舌兰 *Coeloglossum viride* དབང་ལག་སྐྱུ་བོ།……196

掌裂兰 *Orchis atifolia* དབང་ལག་དམར་པོ།……197

角盘兰属……198

角盘兰 *Herminium alaschanicum* ཐེ་ལྕེ་ལག་པ།……198

裂瓣角盘兰 *Herminium alaschanicum* ཐེ་ལྕེ་ལག་པ་རིགས་ཤིག……198

## 昆虫类 འབུ་སྲིན་གྱི་རིགས།

瓢虫科

突肩瓢虫属……201

大斑瓢虫 *Coccinella magnopunctata* སྐམ་བུ་ཁྲ་སྟང་།……201

瓢虫属……201

异色瓢虫 *Harmonia axyridis* སྐམ་འབུ་མདོག་འགྱུར།……201

七星瓢虫 *Coccinella septempunctata* སྐམ་བུ་སྐར་བདུན།……201

纵条瓢虫 *Coccinella longifasciata* སྐམ་བུ་གཞུང་ཐུར།……202

长足瓢虫属……202

多异瓢虫 *Hippodamia variegate* མདོག་མང་ལྷམ་བུ། ……202
露尾甲科
露尾甲属……202
花斑露尾甲 *Omosita colon* འབུ་ཛ་རྗེན། ……202
菜花露尾甲属……203
油菜露尾甲 *Meligethes aeneus* པད་པའི་འབུ་ལྤེབས། ……203
叶甲科
黄曲条跳甲属……203
黄曲条跳甲 *Phyllotreta vittata* མཚོང་སྦུར། ……203
芫菁科
芫菁属……203
红斑芫菁 *Mylabris speciosa* ཞུངས་ལྤེབས། ……203
葬甲科
覆葬甲属……204
普氏覆葬甲 *Nicrophorus przewalskii* ཕུ་མིང་པའི་དུར་སྦུར། ……204
前星覆葬甲 *Nicrophorus maculifrons* དུར་སྦུར། ……204
达乌里覆葬甲 *Nicrophorus dauricus* ཐོའུ་ཏ་དུར་སྦུར། ……204
中国覆葬甲 *Nicrophorus sinensis* ཀྲུང་གོའི་དུར་སྦུར། ……205
隐翅虫科
隐翅虫属……205
大隐翅虫 *Creophilus maxillosus* གཤོག་ཡིབ་འབུ། ……205
铁甲科
龟甲属……205
甜菜大龟甲 *Cassida nebulosa* སྦལ་སྦུར། ……205
郭公虫科
食蜂郭公虫属……206
中华食蜂郭公虫 *Trichodes sinae* འབུ་སྦྲང་ཟན། ……206
蝽科
真蝽属……206
日本真蝽 *Pentatoma japonica* ཇར་པན་སྨར་ལོང་། ……206
红蝽科
红蝽属……206
地红蝽 *Pyrrhocoris tibialis* ས་དམར་འདམ་སེན། ……206
盲蝽科
草盲蝽属……207
牧草盲蝽 *Lygus pratensis* ཕྱུགས་རྩྭ་ལོང་སེན། ……207

蚜科

蚜属……207

枸杞棉蚜 *Aphis gossypii* སྲིན་སྦྲང་དམར་པོ།……207

鹿蛾科

黑鹿蛾属……207

黑鹿蛾 *Amata ganssuensis* ཤུ་ལྕེབས་སྙེ་ནག……207

尺蛾科

霜尺蛾属……208

桦霜尺蛾 *Alcis repandata* སྟག་སད་མེ་ལྕེབས།……208

尾尺蛾属……208

雪尾尺蛾 *Ourapteryx nivea* མེ་ལྕེབས་ཟ་དཀར།……208

灯蛾科

污灯蛾属……208

黑带污灯蛾 *Spilarctia quercii* སྒྲོན་ལྕེབས།……208

夜蛾科

粘夜蛾属……209

膜粘夜蛾 *Leucania pallens* སྨུན་ལྕེབས།……209

夜蛾科

金翅夜蛾属……209

碧金翅夜蛾 *Diachrysia nadeja* གཤོག་སེར་མཚན་ལྕེབས།……209

裳夜蛾属……209

裳夜蛾 *Catocala nupta* སྨུན་ལྕེབས།……209

波纹蛾科

浩波纹蛾属……210

浩波纹蛾 *Habrosyna derasa* མེ་ལྕེབས་ཐིག་རིས་ཅན།……210

天蛾科

绿天鹅属……210

榆绿天蛾 *Callambulyx tatarinovi* མེ་ལྕེབས་རིགས་ཤིག……210

菜蛾科

菜蛾属……210

小菜蛾 *Plutella xylostella* འབུ་ལྕེབས་ཆུང་བ།……210

毒蛾科

雪毒蛾属……211

杨雪毒蛾 *Leucoma candida* དུག་ལྕེབས་དཀར་པོ།……211

毛虫属……211

草原毛虫 *Caterpillar* འབུ་འཐུ་བ།……211

凤蝶科

凤蝶属 ……212
柑橘凤蝶 *Papilio xuthus* གསལ་ཕྱེབ་ཁྲ་མོ། ……212
金凤蝶 *Papilio machaon* གསལ་ཕྱེབ་སེར་པོ། ……212
丝带凤蝶属 ……212
丝带凤蝶 *Sericinus montelus* གསལ་ཕྱེབ་ཐིག་གཉིས། ……212

绢蝶科

绢蝶属 ……213
白绢蝶 *Parnassius stubbendorfii* ཆུ་ཕྱེབ་དཀར་པོ། ……213
小红珠绢蝶 *Parnassius nomion* ཐུར་ཕྱེབ་དམར་ཆུང་། ……213

粉蝶科

菜粉蝶属 ……213
菜粉蝶 *Pieris rapae* ཏྲུལ་ཕྱེབ་སུམ་ཅན། ……213
云粉蝶属 ……214
云粉蝶 *Pontia daplidice* ཕྱེ་ལེ་སྤྲིན་རིས་མ། ……214
绢粉蝶属 ……214
绢粉蝶 *Aporia crataegi* ཕྱེ་ལེབ་ཆུ་ཏྲུལ་ཅན། ……214
小檗绢粉蝶 *Aporia hippia* ཆུ་ཏྲུག་ཕྱེབ། ……214
酪色绢粉蝶 *Aporia intercostata* སྨུག་རིས་ཏྲུལ་ལེབ། ……215
豆粉蝶属 ……215
斑缘豆粉蝶 *Colias erate* ཐིག་ཁྲ་ཏྲུལ་ཕྱེབ། ……215
小粉蝶属 ……215
突角小粉蝶 *Leptidea amurensis* ཏྲུལ་ཕྱེབ་རྭ་ཅོར། ……215

眼蝶科

蛇眼蝶属 ……216
蛇眼蝶 *Minois dryas* སྤྲུལ་མིག་གཟིག་ཕྱེབ། ……216
白眼蝶属 ……216
白眼蝶 *Melanargia halimede* ཕྱེ་ལེབ་སྤུན་དཀར་མ། ……216
藏眼蝶属 ……216
藏眼蝶 *Tatinga tibetana* ཕྱེ་ལེབ་གསང་མིག་མ། ……216
珍眼蝶属 ……217
牧女珍眼蝶 *Coenonympha amaryllis* མིག་ཕྱེབ་སྨུག་ཆུང་། ……217
爱珍眼蝶 *Coenonympha oedippus* གཟི་མིག་ཕྱེབ་ཆུང་། ……217

蛱蝶科

蛱蝶属 ……217
朱蛱蝶 *Nymphalis xanthomelas* ཟྭ་ཕྱེབ་གསེར་ཉ། ……217

窗蛱蝶属……218

明窗蛱蝶 *Dilipa fenestra* སྣག་རིས་བྱ་ཕྱེ་བ།……218

帅蛱蝶属……218

黄帅蛱蝶 *Sephisa princeps* བྱ་ཕྱེ་སྣག་པ།……218

红蛱蝶属……218

大红蛱蝶 *Vanessa indica* བྱ་ཕྱེ་བ་དམར་པོ།……218

小红蛱蝶 *Vanessa cardui* ཕྱེ་ལེབ་དམར་ཆུང་།……219

斑翅蝗科

斑翅蝗属……219

斑翅蝗 *Edipoda latreille* ཆ་ག་གསོག་ཁྲ།……219

癞蝗科

华癞蝗属……219

癞蝗 *Sinotmethis Sinotmethis brachy pterus* ཆ་ག་གསོག་རལ།……219

胡蜂科

黄胡蜂属……220

德国黄胡蜂 *Vespula germanica* དྲེད་སྦྲང་།……220

## 鱼类、两栖类、爬行类
## ཉ་རིགས་དང་གཉིས་གནས་རིགས། གོག་འགྲོའི་རིགས།

鳅科

高原鳅属……223

高原鳅 *Triplophysa* འདམ་ཉ་ཡ་སྡེར།……223

鲤科

裸裂尻鱼属……223

黄河裸裂尻 *Schizopygopsis pylzovi* གསེར་ཉ་གསོག་ཁྲ།……223

裸重唇鱼属……223

厚唇裸重唇鱼 *Gymnodiptychus pachycheilus* ཉ་མཆུ་རིང་།……223

裸鲤属……224

花斑裸鲤 *Gymnocypris eckloni* གསེར་ཉ་གསོག་ཁྲ།……224

蟾蜍科

蟾蜍属……224

中华蟾蜍 *Bufo gargarizans* ཀྱུང་དུ་སྦལ་ནག……224

蛙科

林蛙属 ……224
高原林蛙 *Rana kukunoris* ནགས་སྤྲལ། ……224
角蟾科
齿突蟾属……225
西藏齿突蟾 *Scutiger (Scutiger)-boulengengeri* གངས་འཕར།……225
蝰蛇科
蝰蛇属 ……225
阿拉善蝮蛇 *Gloydius cognatus* ཐག་སྦྲུལ། ……225
鬣蜥科
沙蜥属 ……225
西藏沙蜥 *Phrynocephalus theobaldi* ཐེ་སྨིགས། ……225

## 鸟类 བྱ་རིགས།

鸭科
麻鸭属 ……229
赤麻鸭 *Tadorna ferruginea* ངུར་བ།……229
匙嘴鸭属……229
白眉鸭 *Spatula querquedula* ངུར་བ་སྨིན་དཀར།……229
琵嘴鸭 *Spatula clypeata* གག་ཁྲེམ། ……229
狭嘴潜鸭属……229
赤嘴潜鸭 *Netta rufina* འཛུལ་གག་མཆུ་དམར།……230
鸭属 ……230
斑嘴鸭 *Anas zonorhyncha* གག་པ་གསེར་འཛིན།……230
绿头鸭 *Anas platyrhynchos* གག་པ་མཆུ་སེར། ……230
天鹅属 ……231
大天鹅 *Cygnus cygnus* ངང་དཀར། ……231
潜鸭属 ……231
凤头潜鸭 *Aythya fuligula* གཉིང་གག་རལ་བ། ……231
秋沙鸭属……231
普通秋沙鸭 *Mergus merganser* ཆུ་བྱ་ཤིར་སྨོ།……231
雁属 ……232
斑头雁 *Anser indicus* བྱ་ཡོང་ལྷག་ཁྲ། ……232
䴙䴘科
䴙䴘属 ……232

普通鸬鹚 *Phalacrocorax carbo* སོ་བྱ་རོག་པོ། ……232
䴙䴘科
䴙䴘属 ……232
凤头䴙䴘 *Podiceps cristatus* གཉིང་གག་སེར་མགོ།། ……232
鹤科
鹤属 ……233
黑颈鹤 *Grus nigricollis* ཁྲུང་ཁྲུང་སྐེ་ནག ……233
鸥科
燕鸥属 ……233
普通燕鸥 *Sterna hirundo* འོལ་མོ། ……233
彩头鸥属 ……233
棕头鸥 *Chroicocephalus brunnicephalus* མཆེའུ་སྐྱུར་འོལ་མགོ།། ……233
渔鸥属 ……234
渔鸥 *Ichthyaetus ichthyaetus* མཚོ་བྱ་ཉ་ཧར། ……234
秧鸡科
水鸡属 ……234
黑水鸡 *Gallinula chloropus* ཆུ་ནག་འོལ་བྱ། ……234
丘鹬科
鹬属 ……234
白腰草鹬 *Tringa ochropus* མཐིང་རིལ་གྲོ་མོ། ……234
红脚鹬 *Tringa totanus* མཐིང་རིལ་ཞྭ་དམར། ……235
矶鹬属 ……235
矶鹬 *Actitis hypoleucos* ཐིང་བྱིལ། ……235
山雀科
地山雀属 ……235
地山雀 *Pseudopodoces humilis* ཐེ་བོ། ……235
雀科
雀属 ……236
麻雀 *Passer montanus* མཆིལ་པ། ……236
黑喉雪雀属 ……236
棕颈雪雀 *Pyrgilauda ruficollis* བྱག་བྱེའུ་སྐེ་སེར། ……236
白腰雪雀属 ……236
白腰雪雀 *Onychostruthus taczanowskii* བྱ་ཧྲ། ……236
雪雀属 ……237
褐翅雪雀 *Montifringilla adamsi* བྱག་ཁྲེབ། ……237
燕雀科

朱雀属 ······237
拟大朱雀 *Carpodacus rubicilloides* བྱེའུ་སྣ་དམར་ཆེན། ······237
朱顶雀属 ······237
黄嘴朱顶雀 *Linaria flavirostris* ཙི་ཙི་མཆུ་སེར། ······237
卷尾科
卷尾属 ······238
黑卷尾 *Dicrurus macrocercus* བྱ་ཡུག་སྐྱུ་མོ། ······238
鹨属 ······238
粉红胸鹨 *Anthus roseatus* འདམ་བྱ་ཧྲི། ······238
鹡鸰科
鹡鸰属 ······238
白鹡鸰 *Motacilla alba* ཙོ་བྱེའུ། ······238
黄头鹡鸰 *Motacilla citreola* ཙོ་བྱེའུ་མགོ་སེར། ······239
岩鹨科
岩鹨属 ······239
鸲岩鹨 *Prunella rubeculoides* ཏི་ལི་དང་དམར། ······239
鹭科
鹭属 ······239
苍鹭 *Ardea cinerea* སྐྱུར་སྲེ། ······239
牛背鹭属 ······240
牛背鹭 *Bubulcus coromandus* སྐྱུར་མོ་ཙོར་འདེད། ······240
伯劳科
伯劳属 ······240
青藏楔尾伯劳 *Lanius giganteus* དམེ་ལེ་རྒྱབ་དཀར། ······240
鹟科
石䳭属 ······240
黑喉石䳭 *Saxicola maurus* ཤིང་མགོའི་ཁྲ་མོ། ······240
红尾鸲属 ······241
白喉红尾鸲 *Phoenicurus schisticeps* བག་བྱིའུ་སྣོག་དཀར། ······241
鸱鸮科
小鸮属 ······241
纵纹腹小鸮 *Athene noctua* ཨུག་ཆུང་ཐུར་ཤ ······241
戴胜科
戴胜属 ······241
戴胜 *Upupa epops* ཐ་ཤུད། ······241
杜鹃科

杜鹃属 ······242
大杜鹃 *Cuculus canorus* ཁུ་བྱུག ······242
鸦科
寒鸦属 ······242
达乌里寒鸦 *Coloeus dauuricus* གྲི་ཁ། ······242
鸦属 ······242
渡鸦 *Corvus corax* ཕོ་རོག ······242
大嘴乌鸦 *Corvus macrorhynchos* ཁ་ཏ། ······243
山鸦属 ······243
红嘴山鸦 *Pyrrhocorax pyrrhocorax* སྐྱུང་ཀ ······243
鹊属 ······243
青藏喜鹊 *Pica bottanensis* སྐྱ་ཀ ······243
百灵科
云雀属 ······244
小云雀 *Alauda gulgula* ཅོ་ག ······244
角百灵属 ······244
角百灵 *Eremophila alpestris* ལྕགས་བྱིའུ། ······244
鸠鸽科
鸽属 ······244
岩鸽 *Columba rupestris* ཕུག་རོན། ······244
燕科
燕属 ······245
家燕 *Hirundo rustica* ཁུག་རྟ། ······245
鹳科
鹳属 ······245
黑鹳 *Ciconia nigra* བཞད་ནག ······245
雉科
山鹑属 ······245
高原山鹑 *Perdix hodgsoniae* མཐོ་སྒང་རི་ཤ ······245
雪鸡属 ······246
藏雪鸡 *Tetraogallus tibetanus* གོང་མོ། ······246
马鸡属 ······246
蓝马鸡 *Crossoptilon auritum* བྱ་ཤང་སྔོན་མོ། ······246
白马鸡 *Crossoptilon crossoptilon* བྱ་ཤང་དཀར་པོ། ······246
雉属 ······247
雉鸡 *Phasianus colchicus* དེ་བོ། ······247

鹰科
鵟属 ……………………………………………………………………………………247
大鵟 *Buteo hemilasius* ནེའུ་ལེ། ………………………………………………247
鸢属 ……………………………………………………………………………………247
黑鸢 *Milvus migrans* འོལ་བ། ………………………………………………247
秃鹫属 …………………………………………………………………………………248
秃鹫 *Aegypius monachus* ཐང་ནག ……………………………………248
兀鹫属 …………………………………………………………………………………248
高山兀鹫 *Gyps himalayensis* གོད་ཐང་དཀར། ………………………248
雕属 ……………………………………………………………………………………248
草原雕 *Aquila nipalensis* རྒྱ་སྐྱག ……………………………………248
胡兀鹫属 ………………………………………………………………………………249
胡兀鹫 *Gypaetus barbatus* གོ་བོ། ……………………………………249
隼科
隼属 ……………………………………………………………………………………249
猎隼 *Falco cherrug* ཇོན་ཁྲ། ………………………………………………249
红隼 *Falco tinnunculus* ཁྲ་དམར། ………………………………………249
鹟科
红尾鸲属 ………………………………………………………………………………250
赭红尾鸲 *Phoenicurus ochruros* བག་བྱིའུ་རྐང་འཛིབ། …………………250

## 哺乳类 འོ་འབྱུང་གི་རིགས།

马科
马属 ……………………………………………………………………………………253
河曲马 *Equus caballus* རྨ་ཁུག་རྟ། ……………………………………253
牛科
野牛属 …………………………………………………………………………………253
家牦牛（雪多牦牛） *Bos grunniens* ཤོ་རྗེ་ནོར་ནག ……………………253
盘羊属 …………………………………………………………………………………253
绵羊（苏呼欧拉羊） *Ovis aries* སོག་ལུག ……………………………253
盘羊 *Ovis ammon* གཉན། ……………………………………………………254
岩羊属 …………………………………………………………………………………254
岩羊 *Pseudois nayaur* གནའ་བ། …………………………………………254
斑羚属 …………………………………………………………………………………254

中华斑羚 *Naemorhedus griseus* ར་རྒྱ། ······ 254
犬科
犬属 ······ 255
狗（藏獒） *Canis familiaris* འབྲོག་ཁྱི། ······ 255
狼 *Canis lupus* སྤྱང་ཀི། ······ 255
狐属 ······ 255
赤狐 *Vulpes Vulpes* ཝ། ······ 255
藏狐 *Vulpes ferrilata* ཐྲེ། ······ 256
豺属 ······ 256
豺 *Cuon alpinus* འཕར་བ། ······ 256
猫科
豹属 ······ 256
雪豹 *Panthera uncia* གསའ། ······ 256
猞猁属 ······ 257
欧亚猞猁 *Lynx lynx* གཡི། ······ 257
猫属 ······ 257
荒漠猫 *Felis bieti* རྫ་གཡི། ······ 257
鼬科
猪獾属 ······ 257
猪獾 *Arctonyx collaris* ཕག་གྲུམ། ······ 257
鼬属 ······ 258
艾鼬 *Mustela eversmanii* ཧེ་ལོ། ······ 258
黄鼠狼 *Mustela sibirica* སྲེ་མོང་། ······ 258
水獭属 ······ 258
欧亚水獭 *Lutra lutra* ཆུ་སྲམ། ······ 258
松鼠科
旱獭属 ······ 259
喜马拉雅旱獭 *Marmota himalayana* འཕྱི་བ། ······ 259
鼠兔科
鼠兔属 ······ 259
高原鼠兔 *Ochotona curzoniae* ཨ་བྲ། ······ 259
鼹型鼠科
凸颅鼢鼠属 ······ 259
高原鼢鼠 *Eospalax baileyi* ཀྲུང་ཏྲུ་བྱི་ཙོང་། ······ 259
兔科
兔属 ······ 260

# 大型真菌类

# ན་མོའི་རིགས།

网褶科　网褶菌属
卷边网褶菌　*Paxillus involutus*　 སྤང་སྐྱེས་དུང་དབྱིབས་མ།

蜡伞科　湿伞属
变黑湿伞　*Hygrocybe conica*　དཔྲལ་ཤྭ་སེར་པོ།

蜡伞科　湿伞属

朱黄湿伞　*Hygrocybesuzukaensis*　ཕྲ་ཤྭ།

层腹菌科　盔孢伞属

纹缘盔孢伞　*Galerina marginata*　འདྲ་ལེབ་སྨུག་པོ།

马勃科　灰马勃属

白刺马勃　*Lycoperdon wrightii*　ཕ་དགོ་ཆེར་དཀར།

马勃科　秃马勃属

白秃马勃　*Calvatia candida*　ཕ་དགོ་སག་དཀར།

马勃科　马勃属

大秃马勃　*Calvatia gigantea*　ཕ་དགོ་དྭ་རིས་མ།

丝膜科　丝膜菌属

褐美丝膜菌　*Cortinarius umbrinobellus*　སྐྱི་ཤུདྭ་མང་།

球盖菇科　环锈伞属
白鳞环锈伞　*Pholiota destruens*　བཙའ་ཤྭ་ཡུ་སྦྲོམ།

球盖菇科　光盖伞属
粪生光盖伞　*Deconica coprophila*　ཕོག་ཤྭ་རྫ་དམར།

球盖菇科　暮菇属
烟色垂幕菇　*Hypholoma capnoides*　བཙའ་ཤྭ་ས་སྐྱེས།

鬼伞科　斑褶菇属

半卵形斑褶菇　*Anellaria semiovata*　སྲེ་སྲུལ་སྔོང་དབྱིབས་མ།

离褶伞科　离褶伞属

斯氏灰顶伞　*Tephrocybe striipilea*　སྤྲང་སྐྱེས་འོ་ཁ།

离褶伞科　丽蘑属

香杏丽蘑　*Calocybe gambosa*　ཚོམ་སྐྱེས་གྲེས་སྲུལ།

白蘑科　杯伞属

**白霜杯伞**　*Clitocybedealbata*　གོང་ཤྭ་དཀར་ཆུང་།

白蘑科　蜜环菌属

**黄绿蜜环菌**　*Armillaria luteo-virens*　ཡུ་ཤྭ་སྤྲི་སེར།

白蘑科　口蘑属

**假松口蘑**　*Tricholoma bakamatsutake*　དཀར་ཤྭ་ཡུ་ཁྲ།

白蘑科　口蘑属

鳞柄口蘑　*Tricholoma psammopus*　ལེབ་ཤྭ་ཕྱུ་སག

白蘑科　口蘑属

油黄口蘑　*Tricholoma flavovirens*　ལེབ་ཤྭ་སྐྱི་སེར།

白蘑科　离褶伞属

簇生离褶伞　*Lyophyllum aggregatum*　གྲེས་སྤུལ་དཀར་ཞིབ།

白蘑科　小菇属
洁小菇　*Mycena pura*　ཐ་ཤུ་ཡུ་ཐུང་།

蘑菇科　白鬼伞属
裂皮白环菇　*Leucoagaricus excoriates*　ཤ་མོ་དཀར་ལེབ།

蘑菇科　蘑菇属
白鳞蘑菇　*Agaricus bernardii*　ཚེར་དཀར་ཤ་མོ།

蘑菇科　蘑菇属

大肥蘑菇　*Agaricus bitorquis*　ཛུ་བང་ཤ་མོ།

蘑菇科　蘑菇属

夏生蘑菇　*Agaricus aestivalis*　སྤང་ཤྭ་སྦུལ་མང་།

蘑菇科　蘑菇属

蘑菇　*Agaricus campestris*　ཀླུང་ཤྭ་སྦུལ་ནག

多孔菌科　干酪菌属

绒盖干酪菌　*Tyromyces pubescens*　ཕྱུར་ཤུ་དཀར་སོབ།

丝膜菌科　丝膜菌属

白膜丝膜菌　*Cortinarius hinnuleus*　སྐྱི་ཤུ་ཁམ་ནག།

白菇科　小菇属

灰褐小菇　*Mycena amygdalia*　ཤལ་གདུགས་སྤྱུ་རིས།

粉褶菌科　粉褶属

斜盖粉褶菌　*Rhodophyllus abortivum*　རྫུལ་སྦུལ་དཀར་པོང་།

麦角菌科　虫草属

冬虫夏草　*Cordyceps sinensis*　དབྱར་རྩྭ་དགུན་འབུ།

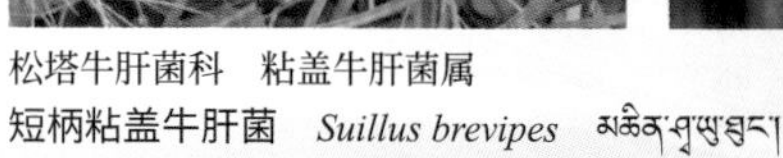

松塔牛肝菌科　粘盖牛肝菌属

短柄粘盖牛肝菌　*Suillus brevipes*　མཆིན་ཤྭ་ཡུ་སྦུང་།

鹅膏菌科　鹅膏菌属
赤褐鹅膏菌　*Amanita fulva*　དུག་ཤ་སྨྱི་འགྱུར།

盘菌科　网孢盘菌属
橙黄网孢盘菌　*Aleutia aurantia*　ཏིང་ཤ་སེར་པོ།

网褶菌科　网褶菌属
黄褐丝盖伞　*Inocybe flavonbrunea*　ཐང་སྐྱེས་ཁྲིག་ལེ།

鬼伞科　斑褶菇属

半卵形斑褶菇　*Anellaria semiovata*　འདྲེ་ཤུ་ཁྲུ་སྐྱེས།

鬼伞科　花褶伞属

紧缩花褶伞　*Panaeolus sphinctrinus*　སུལ་ཁྲ་སྔོན་ཆེན།

鬼伞科　鬼伞属

白杯伞　*Clitocybe phyllophila*　ཀོང་ཤུ་དཀར་པོ།

鬼伞科　鬼伞属

粪鬼伞　*Coprinus sterquilinus*　འདྲེ་ཤྭ་ཁངས་འབབ།

牛肝菌科　粉末牛肝菌属

黄粉牛肝菌　*Pulveroboletus ravenelii*　ཤ་མོ་སེར་པོ།

羊肝菌科　羊肝菌属

黑脉羊肚菌　*Morchella angusticeps*　ཁྱུག་ཤྭ་གདོང་ནག

# 植物类

# རྩི་ཤིང་གི་རིགས།

木贼科　木贼属

节节草　*Hippochaete ramosissima*　སྐྱུག་མཚོ།

木贼科　木贼属

问荆　*Equisetum arvense*　ཆུ་མཚོ།

水龙骨科　瓦韦属

天山瓦韦　*Lepisorus albertii*　བྲག་སྤོས།

冷蕨科　冷蕨属

冷蕨　*Cystopteris fragilis*　འབྲུགས་རལ།

凤尾蕨科　金粉蕨属

黑足金粉蕨　*Onychium cryptogrammoides*　རེ་རལ་རིགས་ཤིག

鳞毛蕨科　耳蕨属

穆坪耳蕨　*Polystichum moupinense*　ཛ་རལ།

鳞毛蕨科　玉龙蕨属

玉龙蕨　*Sorolepidium glaciale*　གཡུ་ལུང་རེ་རལ།

铁角蕨科　铁角蕨属

北京铁角蕨　*Asplenium pekinense*　རྒྱ་མཁྲིས་བ་མོ་ཁ།

松科　云杉属

青海云杉　*Picea crassifolia*　མཚོ་སྔོན་སྤྲིན་གསོམ།

柏科　圆柏属

祁连圆柏　*Sabina przewalskii*　མདོ་ལའི་རྒྱ་ཤུག

大果圆柏　*Juniperus tibetica*　འབྲི་ཤུག

柏科　柏属

高山柏　*Juniperus squamata*　མཐོ་སྒང་ཤུག་པ།

麻黄科　麻黄属

草麻黄　*Ephedra sinica*　ར་མཚོ།

麻黄科　麻黄属

单子麻黄　*Ephedra monosperma*　སྲུང་མཚོ།

杨柳科　柳属

山生柳　*Salix oritrepha*　སླང་ནག

杨柳科　柳属
杯腺柳　*Salix cupularis*　གླང་མ་རིགས་ཤིག

杨柳科　柳属
川滇柳　*Salix rehderiana*　གླང་མ་རིགས་ཤིག

杨柳科　柳属
青藏垫柳　*Salix lindleyana*　གླང་མ་རིགས་ཤིག

杨柳科　柳属

洮河柳　*Salix taoensis*　གླུ་ཆུ་ལྕང་མ།

荨麻科　荨麻属

高原荨麻　*Urtica hyperborea*　ཟྭ་ཕྱི་ཨ་ཡ།

荨麻科　荨麻属

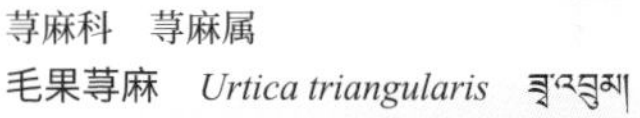

毛果荨麻　*Urtica triangularis*　ཟྭ་འབྲུམ།

蓼科　冰岛蓼属

冰岛蓼　*Koenigia islandica*　གྲམ་ལྕུས།

蓼科　大黄属

唐古特大黄　*Rheum tanguticum*　ལྕུམ་རྩ།

蓼科　大黄属

小大黄　*Rheum pumilum*　ཆུ་མ་རྩི།

蓼科　大黄属

菱叶大黄　*Rheum rhomboideum*　ཆུ་རྩ།

蓼科　酸模属

尼泊尔酸模　*Rumex nepalensis*　ཀྲུ་ནོ

蓼科　酸模属

水生酸模　*Rumex aquaticus*　ཆུ་སྐྱེས་གླུང་ནོ

蓼科　酸模属

巴天酸模　*Rumex patientia*　རྒྱ་སོ་རིགས་ཞིག

蓼科　酸模属

酸模　*Rumex acetosa*　རྒྱ་སོ།

蓼科　蓼属

萹蓄　*Polygonum aviculare*　ཐི་ན་སེ།

蓼科　蓼属
西伯利亚蓼　*Polygonum sibiricum*　ཆུ་མ་རྩི་རིགས་ཤིག

蓼科　蓼属
珠芽蓼　*Polygonum viviparum*　རམ་བུ།

蓼科　蓼属
细叶蓼　*Polygonumtaquetii*　རམ་བུ་རིགས་ཤིག

蓼科　蓼属

圆穗蓼（头花蓼）　*Polygonum macrophyllum*　ཟླ་སྤྲང་།

蓼科　蓼属

柔毛蓼　*Polygonum sparsipilosum*　ལྕུས་མ།

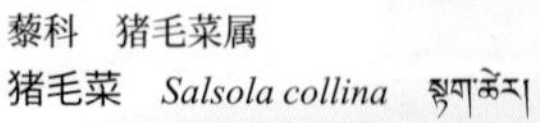

藜科　猪毛菜属

猪毛菜　*Salsola collina*　སྤྲག་ཚེར།

藜科　猪毛菜属
刺沙蓬　*Salsola ruthenica*　སྤྱག་ཆེར་རིགས་ཤིག

藜科　藜属
刺藜　*Chenopodium aristatum*　ཚུ་རྩེ་ནག་པོ།

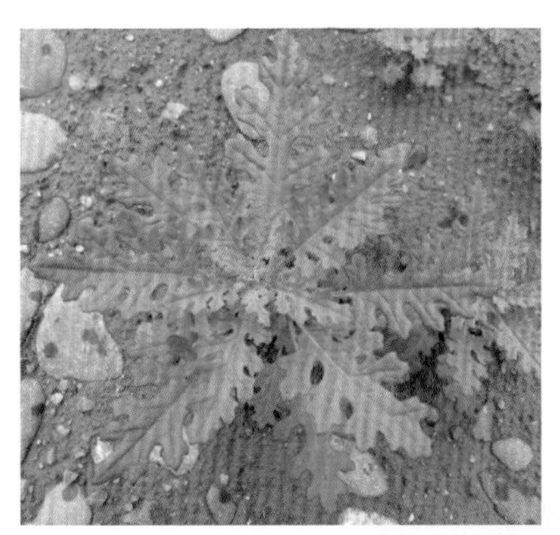

藜科　藜属
菊叶香藜　*Chenopodium foetidum*　སྨོན་སྦྱི།

藜科　藜属
灰绿藜　*Chenopodium glaucum*　སྙེའུ་ལོ་ལྗང་སྐྱ།

藜科　藜属
藜　*Chenopodium album*　སྙེའུ་ལོ།

苋科　轴藜属
平卧轴藜 *Axyris prostrata*　རྩྭ་མ་ཁྲིས་པ་མོ་ཁ།

苋科　藜属

小白藜　*Chenopodium iljinii*　རྩྭ་མ་ཁྲིས་པ་སོ་ཁ།

石竹科　薄蒴草属

薄蒴草　*Lepyrodiclis holosteoides*　སྤོམ་ཤངས་དཀར་མོ།

石竹科　卷耳属

簇生卷耳　*Cerastium caespitosum*　བྱིའུ་ལ་ཕྱུག

石竹科　卷耳属

**卷耳**　*Cerastium arvense*　བྱིའུ་ལ་ཕྲུག་རིགས་ཤིག

石竹科　无心菜属

**甘肃雪灵芝**　*Arenaria kansuensis*　ཀན་སུའུ་ཨ་གྲོང་དཀར་པོ།

石竹科　无心菜属

**福禄草**　*Arenaria przewalskii*　རྫུ་ཨ་གྲོང་།

石竹科　繁缕属
毛湿地繁缕　*Stellaria uda*　བྱ་ཤངས་པ།

石竹科　繁缕属
垫状偃卧繁缕　*Stellaria decumbens*　བྱ་ཤངས་རིགས་ཤིག

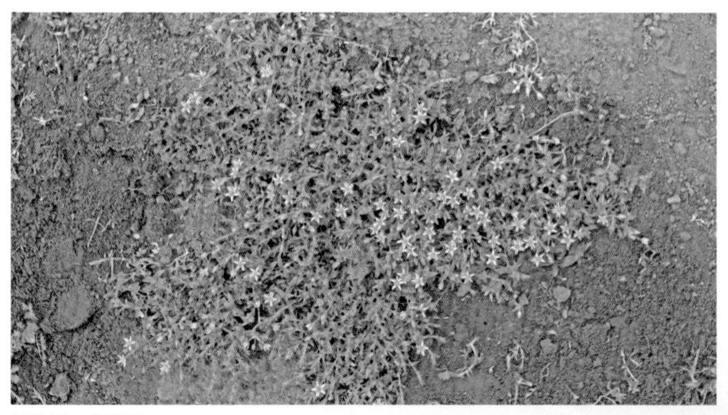

石竹科　繁缕属
沙生繁缕　*Stellaria arenarioides*　བྱེ་སྐྱེས་བྱ་ཤངས།

石竹科　繁缕属
沼生繁缕　*Stellaria palustris*　ཟླ་སྐྱེས་བྱ་ཤང་ས།

石竹科　蝇子草属
女娄菜　*Silene aprica*　སུག་པ།

石竹科　蝇子草属
隐瓣蝇子草　*Silene gonosperma*　སུག་པ་ལོ་བྲ།

石竹科　蝇子草属

细蝇子草　*Silene gracilicaulis*　ར་སྒུག

石竹科　石竹属

瞿麦　*Dianthus superbus*　ཀ་སྦུ་ཀ

石竹科　福禄草属

密生福禄草　*Dolophragma juniperinum*　རྒྱལ་གྲོང་།

毛茛科　驴蹄草属
花葶驴蹄草　*Caltha scaposa*　ཧྲ་སྨིག་རིགས་ཤིག

毛茛科　金莲花属
矮金莲花　*Trollius farreri*　སེར་ཆེན་རྐང་ཐུང་།

毛茛科　金莲花属
金莲花　*Trollius chinensis*　མེ་ཏོག་སེར་ཆེན།

毛茛科　金莲花属
毛茛状金莲花　*Trollius ranunculoides*　སེར་ཆེན་རིགས་ཤིག

毛茛科　乌头属
甘青乌头　*Aconitum tanguticum*　བོང་ང་དཀར་པོ།

毛茛科　乌头属
伏毛铁棒锤　*Aconitum flavum*　སྨན་ཆེན།

毛茛科　乌头属

**露蕊乌头**　*Aconitum gymnandrum*　འཛིན་པ་ཟླ་བྲལ།

毛茛科　翠雀属

**大通翠雀**　*Delphinium pylzowii*　བྱ་རྐང་བ།

毛茛科　翠雀属

**毛翠雀花**　*Delphinium trichophorum*　བྱ་རྐང་བ་རིགས་ཤིག

毛茛科　拟耧斗菜属

拟耧斗菜　*Paraquilegia microphylla*　ཡུ་མོ་མདེའུ་འབྲིན།

毛茛科　唐松草属

芸香叶唐松草　*Thalictrum rutifolium*　སྡོ་ལྕུགས་ཀྱུ།

毛茛科　唐松草属

瓣蕊唐松草　*Thalictrumpetaloideum*　ལྕུགས་ཀྱུ་རིགས་ཞིག

毛茛科　唐松草属

直梗高山唐松草　*Thalictrum alpinum*　ལྗགས་ཀྱུ་རིགས་ཞིག

毛茛科　唐松草属

高山唐松草　*Thalictrum alpinum*　ལྗགས་ཀྱུ་རིགས་ཞིག

毛茛科　唐松草属

长柄唐松草　*Thalictrum przewalskii*　ལྗགས་ཀྱུ་ཡུ་རིང་།

毛茛科　银莲花属

草玉梅　*Anemone rivularis*　སྲུབ་ཀ

毛茛科　银莲花属

条裂银莲花　*Anemone trullifolia*　སྲུབ་ཀ་རིགས་ཞིག

毛茛科　银莲花属

叠裂银莲花　*Anemone imbricata*　ཟེ་སྲུབ་དཀར་ཆུང་།

毛茛科　银莲花属
钝裂银莲花　*Anemone obtusiloba*　སྲུབ་ཀ་རིགས་ཤིག

毛茛科　银莲花属
疏齿银莲花　*Anemone obtusiloba*　ཆོ་ཡུ་ཨ་སྔོན།

毛茛科　银莲花属
小花草玉梅　*Anemone rivularis*　སྲུབ་ཀ་རིགས་ཤིག

毛茛科　铁线莲属

甘青铁线莲　*Clematis tangutica*　དབྱི་མོང་ནག་པོ།

毛茛科　毛茛属

高原毛茛　*Ranunculus tanguticus*　འབྲི་མོ་ལྕེ་ཚ།

毛茛科　毛茛属

云生毛茛　*Ranunculus nephelogenes*　ལྕེ་ཚ།

毛茛科　水毛度属

水毛茛　*Batrachium bungei*　ཆུ་ཐང་མ།

毛茛科　鸦跖花属

鸦跖花　*Oxygraphis glacialis*　དགོ་བ་མེ་ཏོག

毛茛科　碱毛茛属

条裂碱毛茛　*Halerpestestricuspis*　སྣ་ཚ་རིགས་ཞིག

毛茛科　碱毛茛属

三裂碱毛茛　*Halerpestes tricuspis*　གསེར་ལྡེམ་པ།

毛茛科　侧金盏花属

蓝侧金盏花　*Adonis coerulea*　རྒྱ་ཏིག་དུག་ལོ།

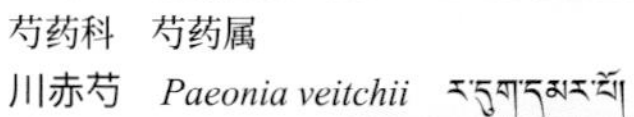

芍药科　芍药属

川赤芍　*Paeonia veitchii*　ར་དུག་དམར་པོ།

小檗科　小檗属

鲜黄小檗　*Berberis diaphana*　སྐྱེར་པ།

小檗科　小檗属

甘肃小檗　*Berberis vulgaris*　སྐྱེར་པ།

小檗科　小檗属

拟小檗　*Berberis dubia*　སྐྱེར་པ་རིགས་ཤིག

小檗科　小檗属

匙叶小檗　*Berberis vernae*　སྐྱེར་པ་རིགས་ཤིག

罂粟科　绿绒蒿属

五脉绿绒蒿　*Meconopsis quintuplinervia*　ཨུཏྤལ་སྔོན་པོ།

罂粟科　绿绒蒿属

多刺绿绒蒿　*Meconopsis horridula*　ཚེར་སྔོན་རྐང་མང་།

罂粟科　绿绒蒿属
红花绿绒蒿　*Meconopsispunicea*　ཨུཏྤལ་དམར་པོ།

罂粟科　绿绒蒿属
总状花绿绒蒿　*Meconopsis horridula*　ཚེར་སྔོན།

罂粟科　绿绒蒿属
全缘绿绒蒿　*Meconopsis integrifolia*　ཨུཏྤལ་སེར་པོ།

罂粟科　角茴香属

细果角茴香（节裂角茴香）　*Hypecoumleptocarpum*　པར་པ་ཏ།

罂粟科　紫堇属

迭裂黄堇　*Corydalis dasyptera*　ཤུ་དུས་དམན་པ།

罂粟科　紫堇属

糙果紫堇　*Corydalistrachycarpa*　སྟོང་རི་ཟིལ་པ།

罂粟科　紫堇属
条裂黄堇　*Corydalis linarioides*　ཀྱུ་སྟག་ཟིལ་བ།

罂粟科　紫堇属
红花紫堇　*Corydalispunicea*　གཡུ་འབྲུག་ཟིལ་བ།

罂粟科　紫堇属
蛇果黄堇　*Corydalisophiocarpa*　པ་ཤ་ཀན་དམན་པ།

罂粟科　紫堇属

暗绿紫堇　*Corydalis melanochlora*　སྤོ་དེ་ག།

罂粟科　紫堇属

弯花紫堇　*Corydalis curviflora*　ཟིལ་བ་རིགས་ཤིག

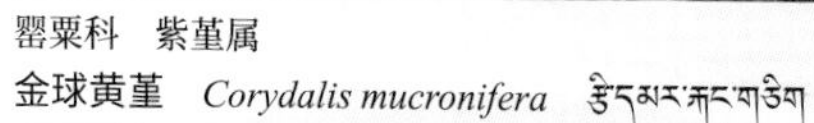

罂粟科　紫堇属

金球黄堇　*Corydalis mucronifera*　རྩེ་དམར་ཀྲང་གཅིག

罂粟科　紫堇属

粗距紫堇　*Corydalis eugeniae*　ཟྲིལ་བ་རིགས་ཤིག

罂粟科　紫堇属

少花延胡索　*Corydalis pauciflora*　ཟྲིལ་བ་རིགས་ཤིག

罂粟科　紫堇属

直茎黄堇　*Corydalis stricta*　ཟྲིལ་བ་རིགས་ཤིག

十字花科　独行菜属

独行菜　*Lepidium apetalum*　དར་ཡ་ཀན།

十字花科　独行菜属

宽叶独行菜　*Lepidium latifolium*　ཁྲག་འཁྲོག་དཀར་པོ།

十字花科　菥蓂属

菥蓂　*Thlaspi arvense*　ཟྀ་ག

十字花科　荠属

荠　*Capsella bursa-pastoris*　སོག་ཀ་པ།

十字花科　藏荠属

藏荠　*Hedinia tibetica*　སོག་ག་པ།

十字花科　碎米荠属

紫花碎米荠　*Cardamine tangutorum*　ཆུ་རུག་པ།

十字花科　蔊菜属

沼生蔊菜（风花菜）　*Rorippa islandica*　སྙེ་ཚེ་སྲུག་ཐུང་།

十字花科　南芥属

垂果南芥　*Arabis pendula*　སྦྲུལ་ལབ་ཡུ་རིང་།

十字花科　异蕊芥属

腺异蕊芥　*Dimorphostemon glandulosus*　བྱིའུ་རྒྱན་འབྲུམ།

十字花科　涩荠属

涩荠　*Malcolmia africana*　ཟླིག་ཅེ་བ།

十字花科　桂竹香（糖芥）属

红紫桂竹香（红紫糖芥）　*Cheiranthus roseus*　རྒྱ་སྤྲོས་དམར་པོ།

十字花科　念珠芥属

蚓果芥　*Neotorularia humilis*　བྱིའུ་ཚ་ལ་ཕྲུག

十字花科　播娘蒿属

播娘蒿　*Descurainia sophia*　ཤང་ཚེ།

十字花科　葶苈属

矮葶苈　*Draba handelii*　བྱིའུ་ལབ་རྐང་ཐུང་།

十字花科　葶苈属

蒙古葶苈　*Draba mongolica*　སོག་པའི་བྱིའུ་ལབ།

十字花科　葶苈属
毛葶苈　*Draba eriopoda*　བྲིའུ་ལབ་སྤུ་སེར།

十字花科　葶苈属
喜山葶苈　*Draba oreades*　བྲིའུ་ལབ་སེར་ཆེན།

十字花科　丛菔属
藏芥　*Solms-laubachia parryoides*　བྲིའུ་ཤིང་མངར།

十字花科　山萮菜属

密序山萮菜　*Eutrema heterophyllum*　ཕུག་རོན་ཞུ་ངས་མ།

景天科　红景天属

狭叶红景天　*Rhodiola kirilowii*　ཚན་ཆེན།

景天科　红景天属

四裂红景天　*Rhodiola quadrifida*　བྲ་ཚན་ལོ་ཕྲ།

景天科　红景天属

唐古特红景天　*Rhodiola algida*　གཡའ་ཚྭན།

景天科　红景天属

喜马红景天　*Rhodiola himalensis*　གངས་ཚྭན།

景天科　红景天属

小丛红景天　*Rhodiola dumulosa*　ཚྭན་རིགས་ཤིག

景天科　红景天属

德钦红景天　*Rhodiola atuntsuensis*　བདེ་ཆེན་ཚན་དམར།

景天科　景天属

隐匿景天　*Sedum celatum*　གཉན་ཐུབ་རིགས་ཤིག

景天科　景天属

尖叶景天　*Sedum fedtschenkoi*　གཉན་ཐུབ་ལོ་འབིགས།

虎耳草科　虎耳草属

**唐古特虎耳草**　*Saxifraga tangutica*　ཟངས་ཏིག་ནྲན་སྐྱེས།

虎耳草科　虎耳草属

**青藏虎耳草**　*Saxifraga przewalskii*　ཟངས་ཏིག་ཕྲང་སྐྱེས།

虎耳草科　虎耳草属

**黑蕊虎耳草**　*Saxifraga melanocentra*　འོད་ལྡན་རྟག་ཏ།

虎耳草科　虎耳草属

山地虎耳草　*Saxifraga montana*　ཟངས་ཧྲིག་ཁེར་སྐྱེས།

虎耳草科　虎耳草属

优越虎耳草　*Saxifraga egregia*　སུམ་ཧྲིག་རིགས་ཤིག

虎耳草科　虎耳草属

爪瓣虎耳草　*Saxifraga unguiculata*　སུམ་ཧྲིག་རིགས་ཤིག

虎耳草科　梅花草属

三脉梅花草　*Parnassia trinervis*　ག་བུར་མེ་ཏོག

虎耳草科　茶藨属

糖茶藨子　*Ribes himalense*　སེལ་ནག

虎耳草科　茶藨属

冰川茶藨子　*Ribes glaciale*　སེའུ་ཤིང་རིགས་ཤིག

虎耳草科　茶藨属

东方茶藨子　*Ribes orientale*　སེའུ་ཤིང་རིགས་ཤིག

虎耳草科　茶藨属

瘤糖茶藨子　*Ribes himalense*　སེའུ་ཤིང་རིགས་ཤིག

虎耳草科　茶藨属

长刺茶藨子　*Ribes alpestre*　སེའུ་ཤིང་རིགས་ཤིག

蔷薇科　绣线菊属
高山绣线菊　*Spiraea alpina*　སྐྱག་ཤད།

蔷薇科　鲜卑花属
窄叶鲜卑花　*Sibiraea angustata*　ཉ་བྲུག་དངུལ་མགོ

蔷薇科　栒子属
匍匐栒子　*Cotoneaster adpressus*　ཟྲག་འབྲུམ།

蔷薇科　栒子属

灰栒子　*Cotoneaster acutifolius*　ཚེར་འབྲུམ།

蔷薇科　无尾果属

无尾果　*Coluria longifolia*　ས་སྦྲོས།

蔷薇科　草莓属

东方草莓　*Fragaria orientalis*　འབྲི་ཏ་ས་འཛིན་མཆོག

蔷薇科　山莓草属

隐瓣山莓草　*Sibbaldia procumbens*　རི་སེ་བ་རིགས་ཞིག

蔷薇科　委陵菜属

金露梅　*Potentilla fruticosa*　སྤེན་ནག

蔷薇科　委陵菜属

小叶金露梅　*Potentilla parvifolia*　སྤེན་མ་ལོ་ཆུང་།

蔷薇科　委陵菜属
二裂委陵菜　*Potentilla bifurca*　རི་བོང་གྲོ་མ།

蔷薇科　委陵菜属
鹅绒委陵菜　*Potentilla anserina*　གྲོ་མ།

蔷薇科　委陵菜属
钉柱委陵菜　*Potentilla saundersiana*　རྒྱ་མཁྲིས་དམན་པ།

蔷薇科　委陵菜属

华西委陵菜　*Potentilla potaninii*　རྒྱ་མཁྲིས་རིགས་ཞིག

蔷薇科　委陵菜属

多茎委陵菜　*Potentilla multicaulis*　རྒྱ་མཁྲིས་རིགས་ཞིག

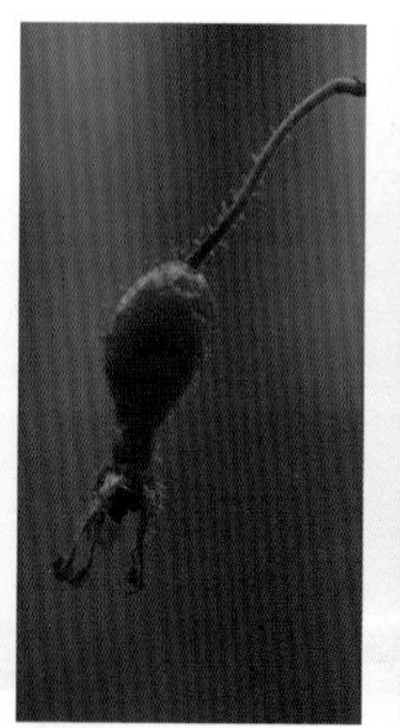

蔷薇科　蔷薇属

扁刺蔷薇　*Rosa sweginzowii*　སེ་བ་ཚེར་ལེབ་མ།

蔷薇科　苹果属

花叶海棠　*Malus transitoria*　ཙོ་སེ་ཤིང་།

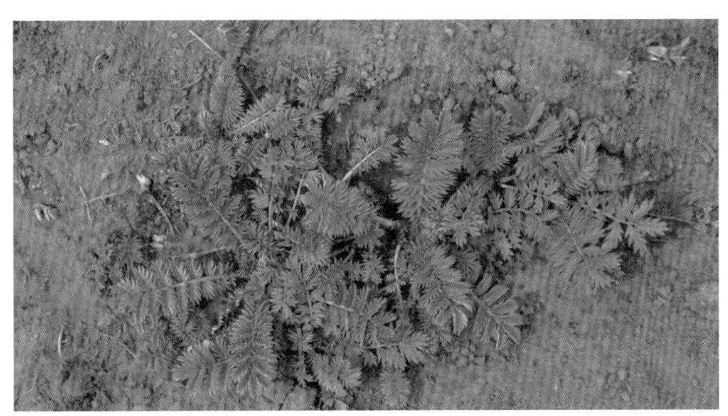

蔷薇科　蕨麻属

蕨麻　*Argentina anserina*　གྲོ་མ།

蔷薇科　花楸属

湖北花楸　*Sorbus rehderiana*　ཟ་སྨོ།

蔷薇科　金露梅属

银露梅　*Dasiphora glabra*　སྤེན་དཀར།

蔷薇科　悬钩子属

紫色悬钩子　*Rubus irritans*　ག་བྲ་ཆུང་བ།

豆科　黄华属

披针叶黄华　*Thermopsis lanceolata*　དུག་སྲིད་སེར་པོ།

豆科　苜蓿属

**天蓝苜蓿**　*Medicago lupulina*　འབྲུ་སྲུ་སེར་པོ།

豆科　苜蓿属

**青海苜蓿**　*Medicago archiducis-nicolai*　མཚོ་སྔོན་འབྲུ་སྲུ་ཏང་།

豆科　苦马豆属

**苦马豆**　*Sphaerophysa salsula*　སྲད་དམར།

豆科　锦鸡儿属

甘蒙锦鸡儿　*Caragana opulens*　ཐ་མ།

豆科　锦鸡儿属

短叶锦鸡儿　*Caragana brevifolia*　ཐ་མ་སྔོན་ཆུང་།

豆科　锦鸡儿属

鬼箭锦鸡儿　*Caragana jubata*　མཛོ་མོ་ཤིང་ཆུང་བ།

豆科　黄耆属

黑紫花黄耆 *Astragalus przewalskii* ཁྱུང་སྲད་སྨུག་ནག

豆科　黄耆属

西北黄耆 *Astragalus fenzelianus* ནུབ་བྱང་སྲད་སེར།

豆科　黄耆属

马衔山黄耆 *Astragalus mahoschanicus* སྲད་སེར་རིགས་ཞིག

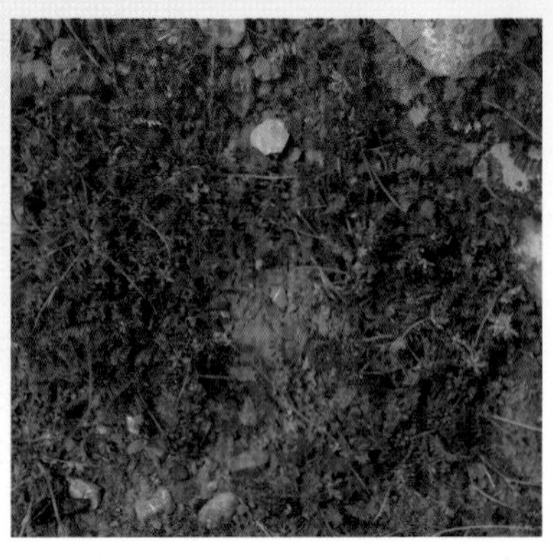

豆科　黄耆属
**多枝黄耆**　*Astragalus polycladus*　ཁྲུང་སྲད་རྐང་མང་།

豆科　黄耆属
**斜茎黄耆**　*Astragalus adsurgens*　སྲད་སྨུག

豆科　黄耆属
**青海黄耆**　*Astragalus tanguticus*　ཁྲུང་སྲད་ས་ཉལ།

豆科　黄耆属

团垫黄耆　*Astragalus arnoldii*　སྲད་རིགས་ཤིག

豆科　高山豆属

高山豆　*Tibetia himalaica*　མཐོ་སྒང་སྲད་མ།

豆科　棘豆属

黄花棘豆　*Oxytropis ochrocephala*　ཀླུང་སྲད་སེར་པོ།

豆科　棘豆属

甘肃棘豆　*Oxytropis kansuensis*　གླུང་སྲད་སེར་ཆུང་།

豆科　棘豆属

镰形棘豆　*Oxytropis falcate*　སྡོ་སྣག་ཤ

豆科　棘豆属

米尔克棘豆　*Oxytropis merkensis*　མེར་ཁུ་སྲད་མ།

豆科　棘豆属

**宽苞棘豆**　*Oxytropis latibracteata*　སྲོ་སྨུག་ཤ་རིགས་ཤིག

豆科　岩黄芪属

**红花岩黄芪**　*Hedysarum multijugum*　བཙའ་མ་དམར་པོ།

豆科　岩黄芪属

锡金岩黄芪　*Hedysarum sikkimense*　འབྲས་ལྗོངས་བཙའ་མ།

豆科　岩黄芪属

块茎岩黄芪　*Hedysarum algidum*　བཙའ་མ་རྗོག་རྩུད་ཅན།

豆科　岩黄芪属

唐古特岩黄芪　*Hedysarum tanguticum*　གདང་ལའི་བཙའ་མ།

豆科　野豌豆属

歪头菜　*Vicia unijuga*　རི་སྲན་ལོ་ལེབ།

豆科　野豌豆属

窄叶野豌豆　*Vicia angustifolia*　སྲན་མ་ལོ་ཕྲ་མ།

豆科　野豌豆属

救荒野豌豆　*Vicia sativa*　སྲན་རིགས་ཞིག

豆科　野豌豆属

山野豌豆　*Vicia amoena*　རི་སྐྱེས་སྲན་རིལ།

豆科　野豌豆属

西藏野豌豆　*Vicia tibetica*　བོད་ལྗོངས་རི་སྐྱེས་སྲན་རིལ།

豆科　野决明属

高山黄华　*Thermopsis alpina*　མཐོ་སྒང་དང་མ་སེར་པོ།

豆科　蔓黄芪属

米林蔓黄芪　*Phyllolobium milingense*　སྨན་གླིང་སྲད་སེར།

豆科　紫穗槐属

紫穗槐　*Amorpha fruticosa*　སྲད་རིགས་ཤིག

牻牛儿苗科　熏倒牛属

熏倒牛　*Biebersteinia heterostemon*　མིང་ཅན་ནག་པོ།

牻牛儿苗科　老鹳草属

**草地老鹳草**　*Geranium pratense*　སྒྲོར་ཆུང་།

牻牛儿苗科　老鹳草属

**甘青老鹳草**　*Geranium pylzowianum*　ག་སྣང་གཡུང་བ།

牻牛儿苗科　老鹳草属

**鼠掌老鹳草**　*Geranium sibiricum*　དུང་སྒྲོར།

亚麻科　亚麻属

宿根亚麻（多年生亚麻）　*Linum perenne*　ཟར་མ།

大戟科　大戟属

青藏大戟　*Euphorbia altotibetica*　དུང་ཕྱིད་སེར་པོ།

大戟科　大戟属

甘青大戟　*Euphorbia micractina*　ཁྲོན་བུ།

大戟科　大戟属

**甘肃大戟**　*Euphorbia kansuensis*　ཐར་ཆེན།

大戟科　大戟属

泽漆　*Euphorbia helioscopia*　དུར་བྱིད།

锦葵科　锦葵属

野葵　*Malva verticillata*　བོད་ལྷུམ།

柽柳科　水柏枝属

具鳞水柏枝　*Myricaria squamosa*　འོམ་བུ།

柽柳科　水柏枝属

匍匐水柏枝　*Myricaria prostrata*　འོམ་ལེབ།

堇菜科　堇菜属
鳞茎堇菜　*Viola bulbosa*　ཧ་སྟིག་པེའོ་ལྦ།

堇菜科　堇菜属
圆叶堇菜　*Viola striatella*　ཧ་སྟིག་སོན་སྔོར་མ།

瑞香科　狼毒属
狼毒　*Stellera chamaejasme*　རེ་ལྕུག་པ།

瑞香科　瑞香属

甘肃瑞香　*Daphne tangutica*　སྒྲེན་ཤིང་སྣ་མ།

瑞香科　瑞香属

凹叶瑞香　*Daphne retusa*　སྒྲེན་ཤིང་སྣ་མ་རིགས་ཤིག

瑞香科　瑞香属

唐古特瑞香　*Daphne tangutica*　སྒྲེན་ཤིང་སྣ་མ།

胡颓子科　沙棘属
肋果沙棘　*Hippophae neurocarpa*　འར་སྟར།

胡颓子科　沙棘属
西藏沙棘　*Hippophae thibetana*　ས་སྟར།

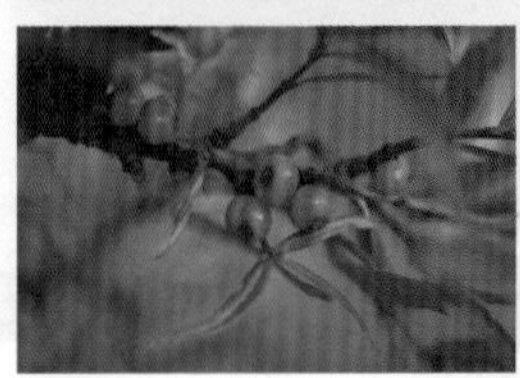

胡颓子科　沙棘属
中国沙棘　*Hippophae rhamnoides*　གནམ་སྟར།

柳叶菜科　柳兰属
柳兰　*Chamaenerion angustifolium*　སྦྲོ་དུག་མོ་ཉུང་།

柳叶菜科　柳叶菜属
沼生柳叶菜　*Epilobium palustre*　ཤམ་ལེ་རྣན་སྐྱེས།

柳叶菜科　露珠草属
高山露珠草　*Circaea alpina*　ལྷུམ་ཟིལ་འཛིན།

杉叶藻科　杉叶藻属
杉叶藻　*Hippuris vulgaris*　འདབ་ཐུ་ཀ་ར།

伞形科　独活属
裂叶独活　*Heracleum millefolium*　འབམ་སྐྱུ།

伞形科　独活属
白亮独活　*Heracleum candicans*　སྐྱུ་དཀར།

伞形科　藁本属

长茎藁本　*Ligusticum thomsonii*　ཤུ་ཧེ་ཡུ་རིང།

伞形科　柴胡属
黑柴胡　*Bupleurum smithii*　རི་ར་ནག་པོ།

伞形科　迷果芹属
迷果芹　*Sphallerocarpus gracilis*　ཧྲ་སྙོད།

伞形科　羌活属
羌活　*Notopterygium incisum*　སྙུ་ནག

伞形科　羌活属
宽叶羌活　*Notopterygium forbesii*　སྙུ་མ་རིགས་ཞིག

伞形科　葛缕子属
葛缕子　*Carum carvi*　ཀོ་སྙོད།

伞形科　茴香属
茴香　*Foeniculum vulgare*　ཀོ་སྙོད།

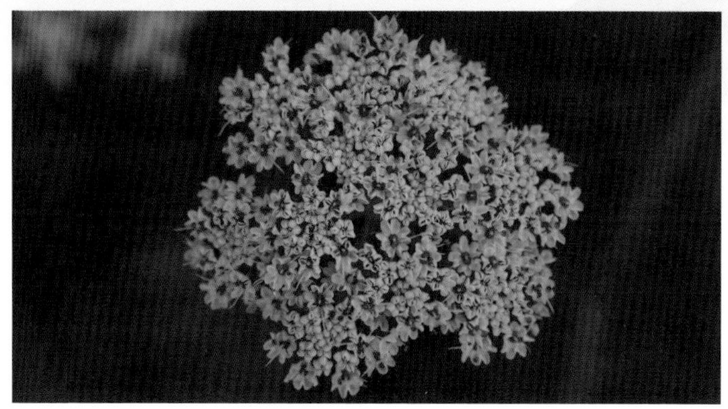

伞形科　棱子芹属

松潘棱子芹　*Pleurospermum franchetianum*　རྟུད་ཆེན།

伞形科　棱子芹属

西藏棱子芹　*Pleurospermum hookeri*　བོད་རྟུད།

杜鹃花科　杜鹃花属

烈香杜鹃　*Rhododendron anthopogonoides*　ད་ལི་དྲི་ཞིམ།

杜鹃花科　杜鹃花属

头花杜鹃　*Rhododendron capitatum*　ད་ལི་ནག་པོ།

杜鹃花科　杜鹃花属

百里香杜鹃　*Rhododendron thymifolium*　སུར་ནག

杜鹃花科　杜鹃花属

陇蜀杜鹃　*Rhododendron przewalskii*　སྟག་མ་དཀར་པོ།

报春花科　海乳草属

海乳草　*Glaux maritima*　སྲམ་ཧུ།

报春花科　羽叶点地梅属

羽叶点地梅　*Pomatosace filicula*　རེ་སྐོན་སྨ་ཧིག

报春花科　点地梅属

西藏点地梅　*Androsace mariae*　སྨ་ཏིག་ནག་པོ།

报春花科　点地梅属

直立点地梅　*Androsace erecta*　ཤང་དྲིལ་རིགས་ཤིག

报春花科　点地梅属

白花点地梅　*Androsace incana*　སྨ་ཏིག་དཀར་པོ།

报春花科　点地梅属

垫状点地梅　*Androsace tapete*　སྤང་ཨ་གྲོང་།

报春花科　点地梅属

雅江点地梅　*Androsace yargongensis*　སྣ་ཏིག་རིགས་ཤིག

报春花科　报春花属

甘青报春　*Primula tangutica*　ཟ་ཤང་སྨུག་ནག

报春花科　报春花属

岷山报春　*Primula woodwardii*　མིང་ཧྲན་རི་བོའི་ཤང་དྲིལ།

报春花科　报春花属

天山报春　*Primula nutans*　ཐེན་ཧྲན་རི་བོའི་ཤང་དྲིལ།

报春花科　报春花属

黄花粉叶报春　*Primula flava*　ཤང་སྐྱུ་དྲུག་སེར།

报春花科　报春花属

球花报春　*Primula denticulata*　ཤང་དྲིལ་རིགས་ཤིག

报春花科　报春花属

西藏报春　*Primula tibetica*　བོད་ལྗོངས་ཤང་དྲིལ།

报春花科　报春花属

狭萼报春　*Primula stenocalyx*　ཤང་དྲིལ་རིགས་ཤིག

报春花科　报春花属

心愿报春　*Primula optata*　ཤང་དྲིལ་རིགས་ཤིག

报春花科　报春花属

圆瓣黄花报春　*Primula orbicularis*　སྤང་ཤང་སེར་ཆེན།

报春花科　报春花属

紫花雪山报春　*Primula sinopurpurea*　ཤང་དྲིལ་རིགས་ཤིག

报春花科　报春花属

紫罗兰报春花　*Primula purdomii*　ན་ཤིང་རྒྱ་སྨུག

白花丹科（蓝雪科）　鸡娃草属

鸡娃草　*Plumbagella micrantha*　བཙག་སྔོད།

龙胆科　龙胆属

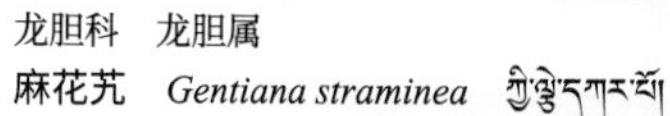

麻花艽　*Gentiana straminea*　ཀྱི་ལྕེ་དཀར་པོ།

龙胆科　龙胆属
达乌里秦艽　*Gentiana dahurica*　ཀྱི་ལྕེ་རིགས་ཤིག

龙胆科　龙胆属
管花秦艽　*Gentiana siphonantha*　ཀྱི་ལྕེ་སྔོ་ནག

龙胆科　龙胆属
蓝玉簪龙胆　*Gentiana veitchiorum*　སྤང་རྒྱན་སྔོན་པོ།

龙胆科　龙胆属

线叶龙胆　*Gentiana lawrencei*　སྤང་རྒྱན་ལོ་སྔ་མ།

龙胆科　龙胆属

刺芒龙胆　*Gentiana aristata*　ཀི་ཐ་སྔོ་དམར།

龙胆科　龙胆属

条纹龙胆　*Gentiana striata*　སྤང་རྒྱན་སེར་པོ།

龙胆科　龙胆属

偏翅龙胆　*Gentiana pudica*　སྤང་རྒྱན་རིགས་ཤིག

龙胆科　龙胆属

蓝白龙胆　*Gentiana leucomelaena*　ཀི་ཐ་སྔོ་དཀར།

龙胆科　龙胆属

假水生龙胆　*Gentiana pseudoaquatica*　སྤང་རྒྱན་རིགས་ཤིག

龙胆科　龙胆属

粗茎秦艽　*Gentiana crassicaulis*　ཀྱི་ལྕེ་རིགས་ཤིག

龙胆科　龙胆属

大花龙胆　*Gentiana szechenyii*　སྤང་རྒྱན་རིགས་ཤིག

龙胆科　龙胆属

高山龙胆　*Gentiana algida*　སྤང་རྒྱན་དཀར་པོ།

龙胆科　龙胆属
短柄龙胆　*Gentiana stipitata*　སྤང་རྒྱན་ཡ་སྤྲང་།

龙胆科　龙胆属
青藏龙胆　*Gentiana futtereri*　སྤང་རྒྱན་སྔོན་པོ།

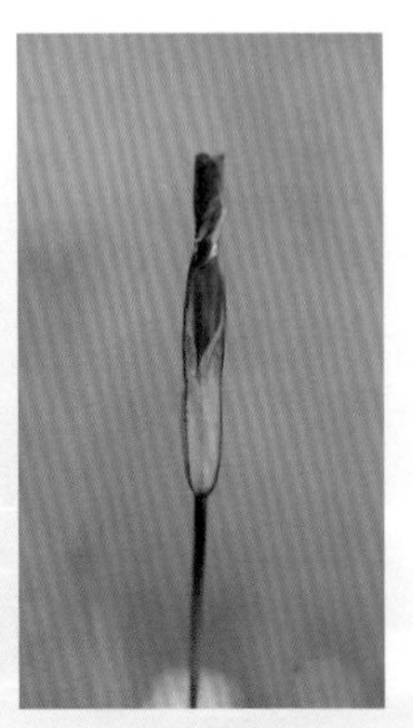

龙胆科　扁蕾属
湿生扁蕾　*Gentianopsis paludosa*　ཐྱགས་ཏིག་སྔོན་པོ།

龙胆科　扁蕾属

扁蕾　*Gentianopsis barbata*　ལྕགས་ཏིག

龙胆科　假龙胆属

黑边假龙胆　*Gentianella azurea*　འཁོར་འདྲ་མཐའ་ནག

龙胆科　肋柱花属

肋柱花　*Lomatogonium carinthiacum*　དངུལ་ཏིག

龙胆科　肋柱花属

合萼肋柱花　*Lomatogonium gamosepalum*　ཏིག་ཏ་རིགས་ཤིག

龙胆科　獐牙菜属

抱茎獐牙菜　*Swertia franchetiana*　ལྕགས་ཏིག་རིགས་ཤིག

龙胆科　獐牙菜属

四数獐牙菜　*Swertia tetraptera*　དངུལ་ཏིག་རིགས་ཤིག

龙胆科　獐牙菜属

华北獐牙菜 *Swertia wolfgangiana* སླ་ཏིག

龙胆科　花锚属

椭圆叶花锚 *Halenia elliptica* ལྕགས་ཏིག་སྔོ་ཆུང་།

龙胆科　喉毛花属

喉毛花　*Comastoma pulmonarium*　ལྕགས་ཏིག་རིགས་ཤིག

紫草科　糙草属

糙草　*Asperugo procumbens*　ནད་མ་གཡུ་ལོ།

紫草科　微孔草属

西藏微孔草　*Microula tibetica*　ནད་མ་རྒྱུན་བ།

紫草科　微孔草属

小花西藏微孔草　*Microula tibetica*　ནད་མ་སྨྲུན་བུ།

紫草科　微孔草属

微孔草　*Microula sikkimensis*　ནད་མ་སྒྲིབ་མ།

紫草科　微孔草属

小微孔草　*Microula younghusbandii*　ནད་མ་རིགས་ཤིག

唇形科　筋骨草属

白苞筋骨草　*Ajuga lupulina*　ཟིན་ཏིག་དཀར་པོ།

唇形科　香薷属

密穗香薷　*Elsholtzia densa*　ཁྱི་ཙུག་ནག་པོ།

唇形科　香薷属

高原香薷　*Elsholtzia feddei*　ཁྱི་ཙུག་རིགས་ཤིག

唇形科　鼠尾草属
粘毛鼠尾草　*Salvia roborowskii*　ཞིམ་ཐིག་སེར་པོ།

唇形科　黄芩属
甘肃黄芩　*Scutellaria rehderiana*　གྲི་ཡང་ཀུ་ཆེན།

唇形科　鼬瓣花属
鼬瓣花　*Galeopsis bifida*　ཞིམ་ཐིག་སངས་རྒྱས་མཆུ་འཛིན།

唇形科　水苏属

**甘露子**　*Stachys sieboldii*　ཀླུ་རྩེ་སྨུག་ཆུང་།

唇形科　青兰属

**甘青青兰**　*Dracocephalum tanguticum*　ཁྲི་ཡང་ཀུ།

唇形科　青兰属

**异叶青兰**　*Dracocephalum heterophyllum*　འཇིབ་རྩི་དཀར་པོ།

唇形科　荆芥属

康藏荆芥　*Nepeta prattii*　འཇིབ་རྩི་ཆེན་མོ།

唇形科　独一味属

独一味　*Lamiophlomis rotate*　རྟ་ལྤགས་པ།

唇形科　野芝麻属

宝盖草　*Lamium amplexicaule*　ཁྲག་ལྷུམ་ལོ་འཁོར་མ།

唇形科　糙苏属

尖齿糙苏　*Phlomis dentosa*　ཞིམ་ཐིག་རི་གས་ཤིག

茄科　马尿泡属

马尿泡　*Przewalskia tangutica*　ཐང་ཁྲིམ་དཀར་པོ།

茄科　山莨菪属

唐古特山莨菪　*Anisodus tanguticus*　ཐང་ཁྲིམ་ནག་པོ།

列当科　草苁蓉属

丁座草　*Boschniakia himalaica*　ལྷམ་སོ་ཆ།

玄参科　肉果草属

肉果草　*Lancea tibetica*　པ་ཡག་པ།

玄参科　婆婆纳属

长果婆婆纳　*Veronica ciliata*　ལྷམ་ནག་ཌོམ་མཁྲིས།

玄参科　婆婆纳属

两裂婆婆纳　*Veronica biloba*　ལྷུམ་ནག་ཇོམ་མཁྲིས་རིགས་ཞིག

玄参科　婆婆纳属

光果婆婆纳　*Veronica rockii*　ལྷུམ་ནག་ཇོམ་མཁྲིས་རིགས་ཞིག

玄参科　小米草属

短腺小米草　*Euphrasia regelii*　སྐྱུ་ཀ་མེ་ཏོག

玄参科　兔耳草属

**短穗兔耳草**　*Lagotis brachystachya*　འབྲི་ཏ་ས་འཛིན།

玄参科　兔耳草属

**短管兔耳草**　*Lagotis brevituba*　ཧོང་ལེན།

玄参科　兔耳草属

**圆穗兔耳草**　*Lagotis ramalana*　ཧོང་ལེན་རིགས་ཞིག

玄参科　马先蒿属
儒侏马先蒿　*Pedicularis pygmaea*　འདེབ་རྩེ་རིགས་ཤིག

玄参科　马先蒿属
黄花鸭首马先蒿　*Pedicularis anas*　འདེབ་རྩེ་རིགས་ཤིག

玄参科　马先蒿属

甘肃马先蒿　*Pedicularis kansuensis*　འདྲེབ་རྩེ་སྨུག་པོ།

玄参科　马先蒿属

碎米蕨叶马先蒿　*Pedicularis cheilanthifolia*　འདྲེབ་རྩེ་སེར་ཆུང་།

玄参科　马先蒿属

阿拉善马先蒿　*Pedicularis alaschanica*　སྟོད་མཚུ་སེར་པོ།

玄参科　马先蒿属

华马先蒿　*Pedicularis oederi*　འཇིབ་རྩེ་རིགས་ཞིག

玄参科　马先蒿属

中国马先蒿　*Pedicularis chinensis*　གླང་སྔོ་ལུག་རུ།

玄参科　马先蒿属

斑唇马先蒿　*Pedicularis longiflora*　ལུག་རུ་སེར་པོ།

玄参科　马先蒿属

大唇马先蒿　*Pedicularis rhinanthoides*　སོ་གླང་།

玄参科　马先蒿属

阴郁马先蒿　*Pedicularis tristis*　འཇེབ་རྩེ་རིགས་ཤིག

玄参科　马先蒿属

粗野马先蒿　*Pedicularis rudis*　གླང་སྣ་རིགས་ཤིག

玄参科　马先蒿属
白花甘肃马先蒿　*Pedicularis kansuensis*　ཀན་སུའུ་གླང་སྣ།

玄参科　马先蒿属
大唇拟鼻花马先蒿　*Pedicularis rhinanthoides*　འཛིབ་རྩེ་རིགས་ཞིག

玄参科　马先蒿属

半扭卷马先蒿　*Pedicularis semitorta*　ཀླུ་སྣ་སེར་ཆེན།

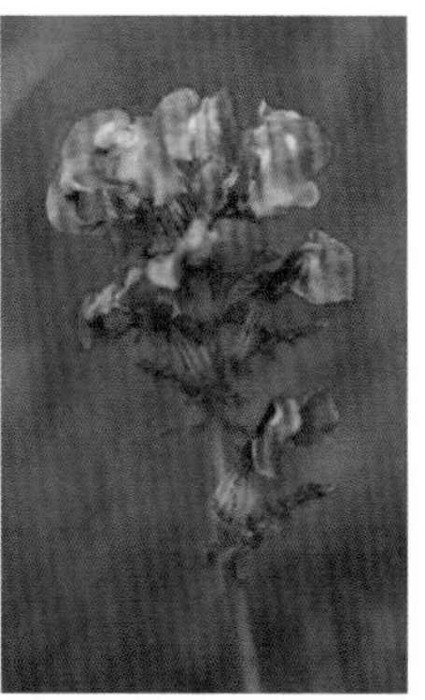

玄参科　马先蒿属

大拟鼻花马先蒿　*Pedicularis rhinanthoides*　འདིབ་རྩི་རིགས་ཤིག

玄参科　马先蒿属

轮叶马先蒿　*Pedicularis verticillata*　འདིབ་རྩི་སྨུག་འཁོར།

玄参科　马先蒿属
凸额马先蒿　*Pedicularis cranolopha*　ལུག་རུ་དཀར་པོ།

紫葳科　角蒿属
密花角蒿　*Incarvillea compacta*　ཨུག་ཆོས་དམར་པོ།

车前科　车前属
平车前　*Plantago depressa*　ཐ་རམ།

茜草科　拉拉藤属

蓬子菜　*Galium verum*　ཟངས་རྩེ་རིགས་ཤིག

茜草科　拉拉藤属

猪殃殃　*Galium spurium*　ཟངས་རྩེ་འབྲུག་ལག

茜草科　拉拉藤属

拉拉藤　*Galium spurium*　ཟངས་རྩེ་བ།

忍冬科　忍冬属
矮生忍冬　*Lonicera minuta*　ཕྲི་ཤིང་ལེབ་མོ།

忍冬科　忍冬属
岩生忍冬　*Lonicera rupicola*　ཕྲི་ཤིང་།

忍冬科　忍冬属
刚毛忍冬　*Lonicera hispida*　འཕང་སྲྀ།

败酱科　缬草属

缬草　*Valeriana pseudofficinalis*　ཇོམ་སྤོས།

败酱科　甘松属

甘松　*Nardostachys chinensis*　སྤང་སྤོས།

川续断科　翼首花属

匙叶翼首花　*Pterocephalus hookeri*　སྤང་རྩི་དོ་བོ།

川续断科　刺续断属

白花刺参　*Morina alba*　བྱི་ཚེར་དཀར་མོ།

川续断科　刺续断属

圆萼刺参　*Morina chinensis*　ལུག་ཚེར་ཡོག་པོ།

桔梗科　沙参属

长柱沙参　*Adenophora stenanthina*　ཀླུ་བདུད་རྡོ་རྗེ་ཀང་རིང་།

桔梗科　沙参属

喜马拉雅沙参　*Adenophora himalayana*　ཧི་མ་ལཱ་ཡེ།

桔梗科　风铃草属

钻裂风铃草　*Campanula aristata*　སྙི་བ།

桔梗科　党参属

脉花党参　*Codonopsis foetens*　ཀླུ་བདུད་ནག་པོ།

菊科　狗娃花属

阿尔泰狗娃花　*Heteropappus altaicus*　མིང་ཅན་ཆུང་བ།

菊科　紫菀属

灰枝紫菀　*Aster poliothamnus*　ལུ་གུ་ཤིང་ཆུང་།

菊科　紫菀属

柔软紫菀　*Aster flaccidus*　རྒྱལ་བའི་སྤྱན།

菊科　紫菀属

夏河紫菀　*Aster yunnanensis*　མིང་ཅན་དོམ་རལ།

菊科　紫菀属

云南紫菀　*Aster yunnanensis*　ཡུན་ནན་ལུག་མིག

菊科　紫菀属

重冠紫菀　*Aster diplostephioides*　ལུག་མིག་རིགས་ཤིག

菊科　紫菀属

高山紫菀　*Aster alpinus*　མེ་ཏོག་ལུག་མིག

菊科　紫菀属

萎软紫菀　*Aster flaccidus*　ལུག་མིག་རིགས་ཤིག

菊科　紫菀属

狭苞紫菀　*Aster farreri*　ལུག་མིག

菊科　飞蓬属

飞蓬　*Erigeron acris*　རྒྱ་འུར་ནག་པོ།

菊科　火绒草属

美头火绒草 *Leontopodium calocephalum*　སྤྲ་ཐོག་པ།

菊科　火绒草属

矮火绒草　*Leontopodium nanum*　ན་སྤྲ་སྤུག་ཐུང་།

菊科　火绒草属

香芸火绒草　*Leontopodium haplophylloides*　སྤྲ་ཐོག་པ་དྲི་ཞིམ།

菊科　火绒草属

火绒草　*Leontopodium leontopodioides*　སྤྲ་ཐོག་པ།

菊科　香青属
铃铃香青　*Anaphalis hancockii*　གཟྭ་རྡ་རིགས་ཤིག

菊科　香青属
乳白香青　*Anaphalis lactea*　གཟྭ་རྡ།

菊科　香青属
淡黄香青　*Anaphalis flavescens*　གཟྭ་རྡ་རིགས་ཤིག

菊科　香青属

二色香青　*Anaphalis bicolor*　སྤྲ་ཐོག་པ་རིགས་ཤིག

菊科　匹菊属

川西小黄菊　*Pyrethrum tatsienense*　གཟེར་འཇོམས།

菊科　亚菊属

细叶亚菊　*Ajania tenuifolia*　འཁན་ཚུང་ལོ་རྙིག

菊科　亚菊属

细裂亚菊　*Ajania przewalskii*　འཁན་ཆུང་གསེར་མགོ།

菊科　蒿属

臭蒿　*Artemisia hedinii*　ཟངས་རྩེ་ནག་པོ།

菊科　蒿属

白莲蒿　*Artemisia sacrorum*　མཁན་པ་རིགས་ཞིག

菊科　蒿属

牛尾蒿　*Artemisia dubia*　མཁན་པ་སྒྲང་ཛ།

菊科　蒿属

灰苞蒿　*Artemisia roxburghiana*　མཁན་པ་རིགས་ཞིག

菊科　蒿属

东俄洛沙蒿　*Artemisia desertorum*　ཚར་བོང་དཀར་པོ།

菊科　蒿属
蒙古蒿　*Artemisia mongolica*　མཁན་རིགས་ཤིག

菊科　狗舌草属
橙红狗舌草　*Tephroseris rufa*　ཨ་བྲུག་པ།

菊科　千里光属
高原千里光　*Senecio diversipinnus*　ཡུ་གུ་ཤིང་རིགས་ཤིག

菊科　千里光属
天山千里光　*Senecio thianschanicus*　གསེར་མེ་བྲག་སྐྱེས།

菊科　橐吾属
掌叶橐吾　*Ligularia przewalskii*　རི་མང་འབྲུག་ལག

菊科　橐吾属
箭叶橐吾　*Ligularia sagitta*　རི་མང་ལོ་བྲ།

菊科　橐吾属

**黄帚橐吾**　*Ligularia virgaurea*　ཤོ་མང་རྟ་རྒྱ།

菊科　橐吾属

**疏序黄帚橐吾**　*Ligularia virgaurea*　རྟ་ཤོ

菊科　橐吾属

**唐古特橐吾**　*Ligularia tangutorum*　སྒ་ཤོ

菊科　垂头菊属

条叶垂头菊　*Cremanthodium lineare*　ན་སྨ་ཆིག་སྐྱེས།

菊科　垂头菊属

车前状垂头菊　*Cremanthodium ellisii*　སྤོ་སྨ།

菊科　垂头菊属

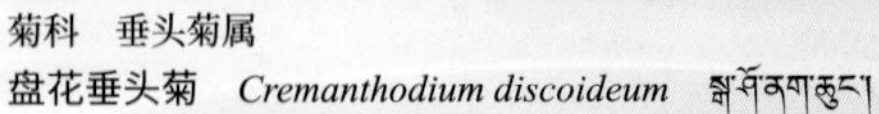

盘花垂头菊　*Cremanthodium discoideum*　སྨ་པོ་ནག་ཆུང་།

菊科　垂头菊属

**矮垂头菊**　*Cremanthodium humile*　སྣ་ཤོ་རིགས་ཤིག

菊科　垂头菊属

**褐毛垂头菊**　*Cremanthodium brunneopiloesum*　སྤོ་སྣ་ཆེ་བ།

菊科　黄缨菊属

**黄缨菊**　*Xanthopappus subacaulis*　འབྲི་ཚེར་སེར་པོ།

菊科　蓟属

刺儿菜　*Cirsium setosum*　སྐྱུང་ཚེར།

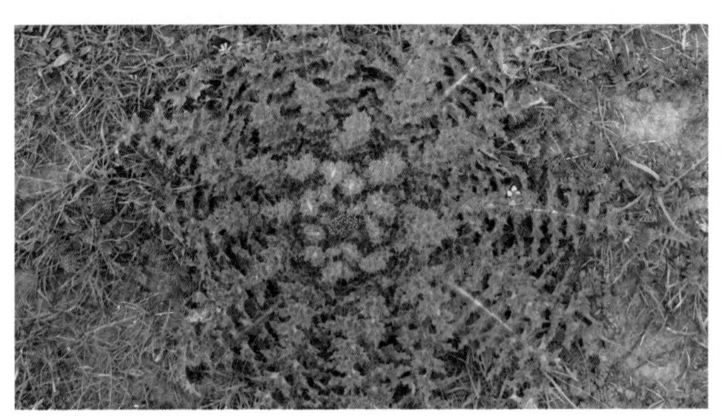

菊科　蓟属

葵花大蓟　*Cirsium souliei*　སྐྱུང་ཚེར་ནག་པོ།

菊科　蓟属

藏蓟　*Cirsium lanatum*　སྐྱུང་ཚེར་རིགས་ཤིག

菊科　飞廉属

丝毛飞廉　*Carduus crispus*　ཧ་ཚེར་མ།

菊科　风毛菊属

瑞苓草（钝苞雪莲）*Saussurea nigrescens*　ཀོན་པ་རིགས་ཤིག

菊科　风毛菊属

星状风毛菊　*Saussurea stella*　སྔོ་ཁྲུང་སྐྱེར་སྨུག་པོ།

菊科　风毛菊属
抱茎风毛菊　*Saussurea chingiana*　ཀོན་པ་རིགས་ཤིག

菊科　风毛菊属
美丽风毛菊　*Saussurea pulchra*　སྤོ་སྐྱི་བཞུར།

菊科　风毛菊属
重齿风毛菊　*Saussurea katochaete*　ཀོན་པ་མཁྲིགས་ལོ།

菊科　风毛菊属
狮牙风毛菊　*Saussureale leontodontoides*　ཀོན་པ་རིགས་ཞིག

菊科　风毛菊属
柳叶菜风毛菊　*Saussurea epilobioides*　ཀླུང་སྐྱེས་སྤབ་སེང་།

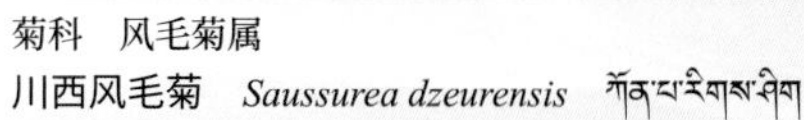

菊科　风毛菊属
川西风毛菊　*Saussurea dzeurensis*　ཀོན་པ་རིགས་ཞིག

菊科　风毛菊属
东俄洛风毛菊　*Saussurea pachyneura*　ཀོན་པ་རིགས་ཞིག

菊科　风毛菊属
禾叶风毛菊　*Saussurea graminea*　རྩ་མཁྲིས་བ་མོ་ཁ།

菊科　风毛菊属
水母雪兔子　*Saussurea medusa*　ཅུ་རྗོད་སྲུག་པ།

菊科　风毛菊属

唐古特雪莲　*Saussurea tangutica*　གཟའ་བདུད་ནག་པོ།

菊科　风毛菊属

弯齿风毛菊　*Saussurea przewalskii*　ཀོན་པ་རིགས་ཤིག

菊科　风毛菊属

异色风毛菊　*Saussurea brunneopilosa*　རྩ་མཁྲིས་བ་མོ་ཁ་རིགས་ཤིག

菊科　顶羽菊属

顶羽菊　*Acroptilon repens*　ལུག་ཚེར་སྔོན་སྒྲོ་མ།

菊科　毛连菜属

毛连菜　*Picris hieracioides*　རྒྱ་ཁུར་ཀང་རིང་།

菊科　蒲公英属

蒲公英　*Taraxacum mongolicum*　ཁུར་མང་།

菊科　蒲公英属

灰果蒲公英（川藏蒲公英）　*Taraxacum maurocarpum*　ཁུར་མང་རིགས་ཤིག

菊科　蒲公英属

白缘蒲公英　*Taraxacum platypecidum*　ཁུར་མང་པ།

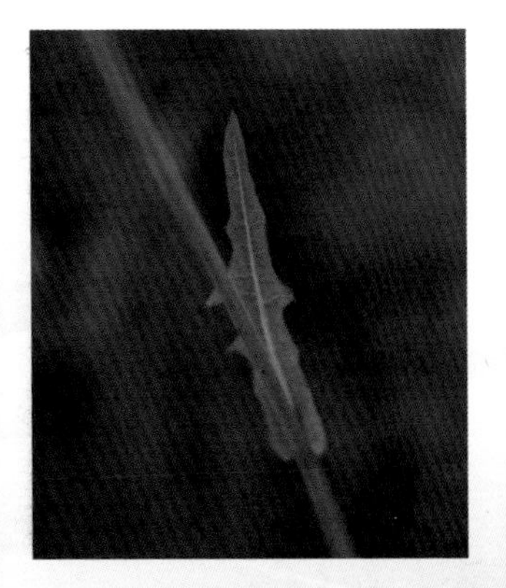

菊科　苦苣菜属

苣荬菜　*Sonchus arvensis*　ཕ་ཁུར་ལོ་ལེབ།

菊科　绢毛菊属

糖芥绢毛菊　*Soroseris erysimoides*　སྲོལ་གོང་སེར་པོ།

菊科　毛鳞菊属

川甘毛鳞菊　*Chaetoseris roborowskii*　ཁུར་སྨུག

菊科　黄鹌菜属

无茎黄鹌菜　*Youngia simulatrix*　ལི་ཁྲུར་སྨུག་ལོ།

菊科　蟹甲草属
三角叶蟹甲草　*Parasenecio deltophyllus*　སོ་མང་གཟེ་སོན་མ།

菊科　鸦葱属
鸦葱　*Takhtajaniantha austriaca*　ཁུར་ཚུང་།

眼子菜科　水麦冬属
海韭菜 *Triglochin maritimum*　ན་རམ།

眼子菜科　水麦冬属

水麦冬　*Triglochin palustre*　ཚྭ་རམ།

禾本科　臭草属

甘肃臭草　*Melica przewalskyi*　ཀན་སུའུ་འབྲས་རྩྭ།

禾本科　羊茅属

羊茅　*Festuca ovina*　ལུག་རྩྭ།

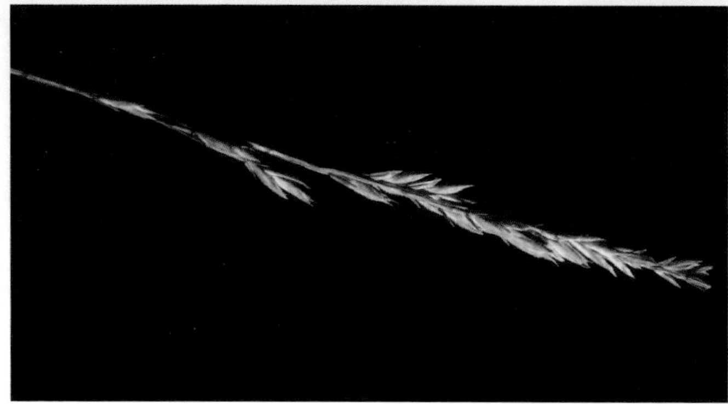

禾本科　羊茅属

毛稃羊茅　*Festuca rubra*　ལུག་རྩྭ་རིགས་ཞིག

禾本科　羊茅属

中华羊茅　*Festuca sinensis*　ལུག་རྩྭ་སྐྱེ་རིང་།

禾本科　羊茅属

紫羊茅　*Festuca rubra*　ལུག་རྩྭ་སྨུག་པོ།

禾本科　早熟禾属
草地早熟禾　*Poa pratensis*　ལྕུས་བྲུས་རྩྭ།

禾本科　早熟禾属
青海草地早熟禾　*Poa Pratensis*　མཚོ་སྔོན་ལྕུས་བྲུས་རྩྭ།

禾本科　早熟禾属
冷地早熟禾　*Poa crymophila*　བྲུས་རྩྭ་རིགས་ཤིག

禾本科　早熟禾属

胎生早熟禾　*Poa attenuata*　ཐམས་རྩ་རིགས་ཤིག

禾本科　早熟禾属

波伐早熟禾　*Poa albertii*　ཐམས་རྩ་རིགས་ཤིག

禾本科　早熟禾属

垂枝早熟禾　*Poa szechuensis*　ཐམས་རྩ་སྡེ་དབྱངས།

禾本科　早熟禾属

密花早熟禾　*Poa pachyantha*　ཐྲམ་རྩྭ་རིགས་ཤིག

禾本科　雀麦属

旱雀麦　*Bromus tectorum*　བྱིའུ་ཡུག་མགོ་དུད།

禾本科　雀麦属

**无芒雀麦**　*Bromus inermis*　བྱིའུ་ཡུག་ཡོག་མོ།

禾本科　雀麦属

**大雀麦**　*Bromus magnus*　བྱིའུ་ཡུག་རིགས་ཤིག

禾本科　雀麦属

**华雀麦**　*Bromus sinensis*　བྱིའུ་ཡུག་རིགས་ཤིག

禾本科　短柄草属

**短柄草**　*Brachypodium sylvaticum*　རྩྭ་ཡུ་ཐུང་།

禾本科　鹅观草属

**贫花鹅观草**　*Roegneria pauciflora*　ཀག་རྩྭ་ལྷུག་ལྷེ་མ།

禾本科　以礼草属

**大颖草**　*Kengyilia grandiglumis*　འཇག་མ་རིགས་ཤིག

禾本科　以礼草属

糙毛以礼草　*Kengyilia hirsuta*　འཛག་མ་རིགས་ཤིག

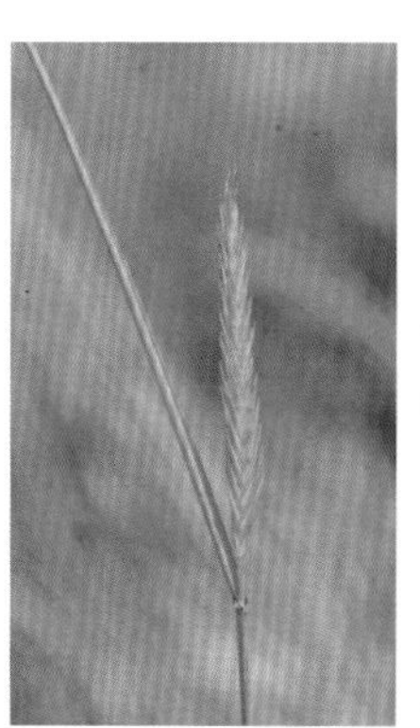

禾本科　冰草属

冰草　*Agropyron cristatum*　ལྷགས་རྩྭ།

禾本科　披碱草属

垂穗披碱草　*Elymus nutans*　རྩེ་ནག་མགོ་ཧུད།

禾本科　披碱草属
老芒麦　*Elymus sibiricus*　ཟྲེ་ནག་སྔོན་མང་།

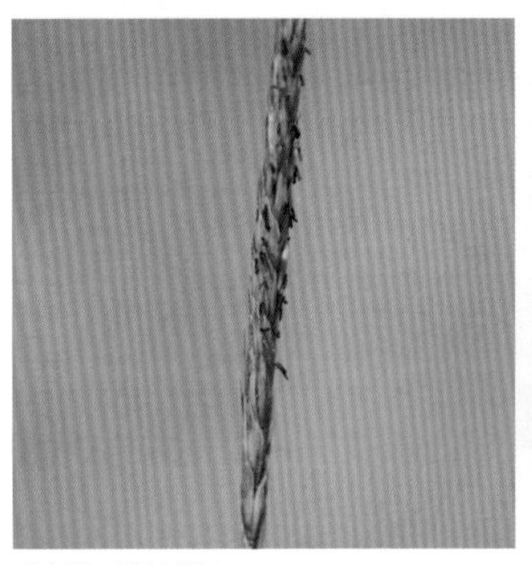
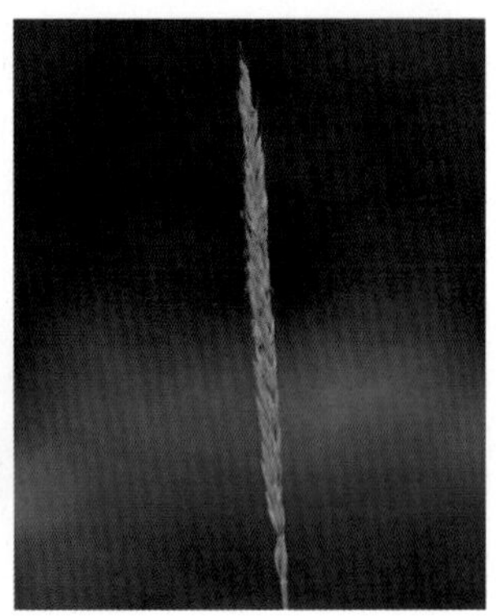

禾本科　披碱草属
麦蕒草　*Elymus tangutorum*　འཇག་མ་རིགས་ཤིག

禾本科　赖草属
赖草　*Leymus secalinus*　འཇག་མ།

禾本科　赖草属

宽穗赖草　*Leymus ovatus*　འཛག་མ་སྙེ་ལེབ།

禾本科　异燕麦属

藏异燕麦　*Helictotrichon tibeticum*　ཤུ་རྩྭ་ཤིང་མགོ་རིགས་ཤིག

禾本科　异燕麦属

异燕麦　*Helictochloa hookeri*　ཤུ་རྩྭ་ཤིང་མགོ།

禾本科　发草属

**发草**　*Deschampsia cespitosa*　སྤྲས་རྩྭ་རིགས་ཤིག

禾本科　发草属

**滨发草**　*Deschampsia littoralis*　སྤྲས་རྩྭ་རིགས་ཤིག

禾本科　茅香属

光稃茅香（光稃香草）　*Hierochloe glabra*　ཞིམ་རྩྭ།

禾本科　拂子茅属

假苇拂子茅　*Calamagrostis pseudophragmites*　ལུག་རྩྭ་རིགས་ཤིག

禾本科　菵草属

菵草　*Beckmannia syzigachne*　རྩྭ་སྤྲེ་ཁི་མན་ནྲི།

禾本科　落芒草属

落芒草　*Oryzopsis munroi*　སྔོང་སྐྱ།

禾本科　针茅属

异针茅　*Stipa aliena*　ཟླུག་རྩྭ་རིགས་ཤིག

禾本科　针茅属

紫花针茅　*Stipa purpurea*　ཟླུག་རྩྭ་སྨུག་པོ།

禾本科　针茅属

**丝颖针茅**　*Stipa capillacea*　ཟུག་རྩ་སྦྲིམ་མ།

禾本科　针茅属

**西北针茅**　*Stipa sareptana*　ནུབ་བྱང་ཟུག་རྩ།

禾本科　芨芨草属

**芨芨草**　*Achnatherum splendens*　ཙེ་སྒོད།

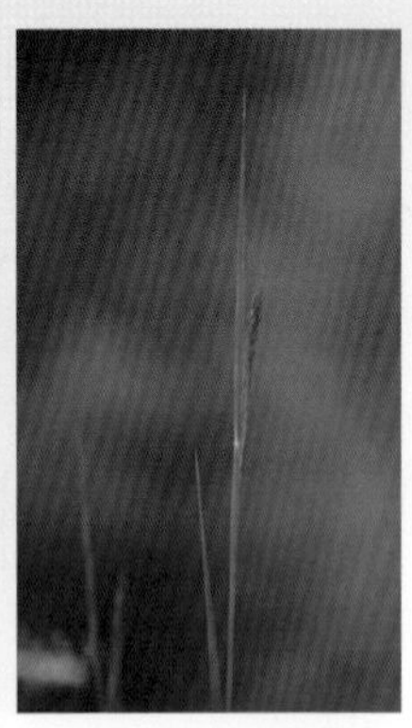

禾本科　芨芨草属

醉马草　*Achnatherum inebrians*　ཁྱི་དུག

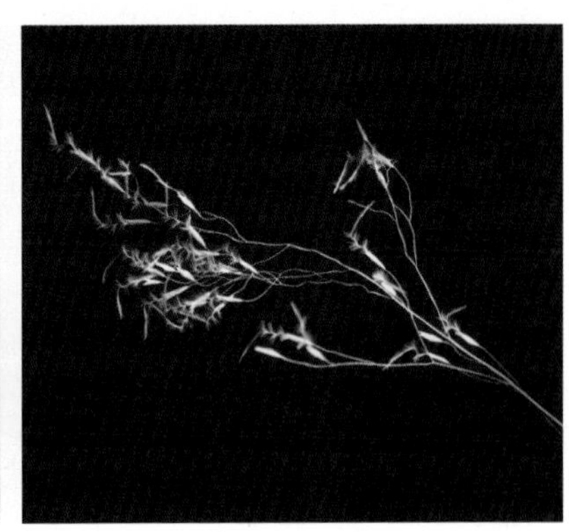

禾本科　细柄茅属

双叉细柄茅　*Ptilagrostis dichotoma*　ཁྱིའུ་རྒྱ

禾本科　狼尾草属

白草　*Pennisetum centrasiaticum*　དར་བ།

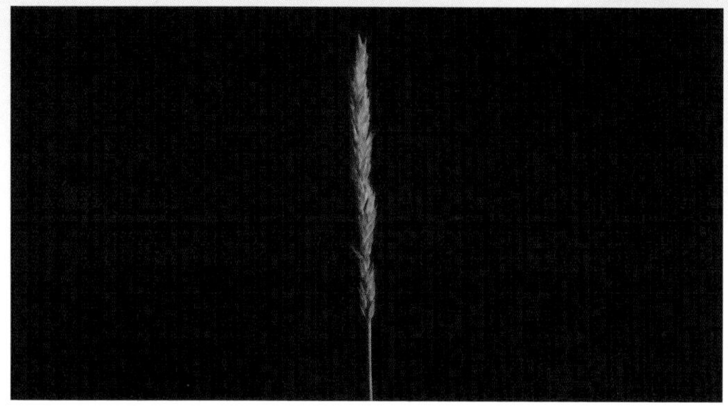

禾本科　洽草属

洽草　*Koeleria cristata*　རྩྭ་ཀུ་ཤ་རིགས་ཤིག

禾本科　洽草属

芒洽草　*Koeleria litvinowii*　རྩྭ་ཀུ་ཤ

禾本科　剪股颖属

小花剪股颖　*Agrostis micrantha*　སྤྲས་རྩྭ་རིགས་ཤིག

禾本科　穗三毛草属
**长穗三毛草**　*Trisetum clarkei*　རྩྭ་ཀུ་ཤ་རིགས་ཤིག

莎草科　藨草属（针蔺属）
**球穗藨草**　*Scirpus wichurae*　ལྕག་རྩྭ་སྟེ་ཀླུམ།

莎草科　藨草属（针蔺属）
**双柱头藨草（双柱头针蔺）**　*Scirpus distigmaticus*　ལྕག་རྩྭ་ཀ་ཟུང་།

莎草科　藨草属（针蔺属）

细秆藨草　*Isolepis setacea*　ལྷག་རྩྭ་རིགས་ཤིག

莎草科　扁穗草属

华扁穗草　*Blysmus sinocompressus*　ན་རྩྭ་མགོ་ལེབ།

莎草科　嵩草属

矮生嵩草　*Kobresia humilis*　སྤང་རྩྭ་ཀང་ཐུང་།

莎草科　嵩草属

粗壮嵩草　*Kobresia robusta*　སྤྲང་རྩྭ་རིགས་ཤིག

莎草科　嵩草属

甘肃嵩草　*Carex pseuduncinoides*　ཀན་སུའུ་སྤྲང་རྩྭ།

莎草科　嵩草属

高山嵩草　*Kobresia pygmaea*　ས་མཐོའི་སྤྲང་རྩྭ།

莎草科　嵩草属

禾叶嵩草　*Carex hughii*　སྤང་རྩྭ་རིགས་ཤིག

莎草科　嵩草属

西藏嵩草　*Kobresia tibetica*　ན་རྩྭ།

莎草科　嵩草属

喜马拉雅嵩草　*Carex kokanica*　ཧི་མ་ལ་ཡའི་སྤང་རྩྭ།

莎草科　嵩草属

线叶嵩草　*Kobresia capillifolia*　སྤང་རྩྭ་སྐྱད་ལོ་མ།

莎草科　薹草属

干生薹草　*Carex aridula*　མཛོ་རྩྭ་རིགས་ཤིག

莎草科　薹草属

北疆薹草　*Carex arcatica*　མཛོ་རྩྭ་རིགས་ཤིག

莎草科　薹草属

糙喙薹草　*Carex scabrirostris*　མཛོ་རྩྭ་རིགས་ཞིག

莎草科　薹草属

黑褐穗薹草　*Carex atrofusca*　མཛོ་རྩྭ་ཁམ་ནག

莎草科　薹草属

红棕薹草　*Carex przewalskii*　མཛོ་རྩྭ་རིགས་ཤིག

莎草科　薹草属

尖鳞薹草　*Carex atrata*　མཛོ་རྩྭ་རིགས་ཤིག

莎草科　薹草属
尖苞薹草　*Carex microglochin*　མཛོ་རྩྭ་རིགས་ཤིག

莎草科　薹草属
木里薹草　*Carex muliensis*　མུ་ལི་མཛོ་རྩྭ།

莎草科　薹草属
青藏薹草　*Carex moorcroftii*　མཚོ་བོད་མཛོ་རྩྭ།

莎草科　薹草属

细叶薹草　*Carex duriuscula*　མཛོ་རྩྭ་སྐྱད་ལོ་མ།

莎草科　薹草属

小薹草　*Carex parva*　མཛོ་རྩྭ་ཆུང་བ།

莎草科　薹草属

伊凡薹草　*Carex ivanovae*　དབྱི་ཧྥན་མཛོ་རྩྭ།

莎草科　藨草属
双柱头藨草　*Trichophorum distigmaticum*　ལྕུག་རྩྭ་ཀ་ཟྭང་རིགས་ཤིག

灯心草科　灯心草属
展苞灯心草　*Juncus thomsonii*　འོ་རྩྭ་ཕུན་ཕུན།

灯心草科　灯心草属
小灯心草　*Juncus bufonius*　འོ་རྩྭ་ཆུང་བ།

灯心草科　灯心草属

**栗花灯心草**　*Juncus castaneus*　འོ་རྩྭ་རིགས་ཤིག

灯心草科　灯心草属

**葱状灯芯草**　*Juncus allioides*　འོམ་རྩྭ་ཚོམ་སྐྱེས།

百合科　天门冬属

**长花天门冬**　*Asparagus longiflorus*　ཉེ་ཤིང་རིགས་ཤིག

百合科　黄精属

卷叶黄精　*Polygonatum cirrhifolium*　ར་མཉེ།

百合科　黄精属

轮叶黄精　*Polygonatum verticillatum*　ར་མཉེ་གྲོ་མོ།

百合科　葱属

高山韭　*Allium sikkimense*　ཅིའུ་སྒོག་དཔལ་སོ་མ།

百合科　葱属

**蓝苞葱**　*Allium atrosanguineum*　སྒོག་རིགས་ཤིག

百合科　葱属

**青甘韭**　*Allium przewalskianum*　འཛིམ་ནག

百合科　葱属

**杯花韭**　*Allium cyathophorum*　སྒོག་རིགས་ཤིག

百合科　葱属
折被韭　*Allium chrysocephalum*　ཤ་སྒོག་ཟེའུ་ཡིབ།

百合科　葱属
紫花韭　*Allium subangulatum*　སྒོག་སྔོན།

百合科　贝母属
梭砂贝母　*Juniperus tibetica*　ཨ་བྱི་ཁ།

百合科　贝母属

**甘肃贝母**　*Fritillaria przewalskii*　ཨ་ཙུ་རྩི།

天门冬科　黄精属

**青海黄精**　*Polygonatum qinghaiense*　ར་མཉེ་དཀར་པོ།

鸢尾科　鸢尾属
卷鞘鸢尾　*Iris potaninii*　གོ་ཁ་ཟླ་བཞིལ།

鸢尾科　鸢尾属
蓝花卷鞘鸢尾　*Iris potaninii*　གྲེས་ལེབ་སྔོན་པོ།

鸢尾科　鸢尾属
锐果鸢尾　*Iris goniocarpa*　ཐུ་བྱུག་གྲེས་མ།

鸢尾科　鸢尾属
马蔺　*Iris lactea*　མ་གྲིས།

鸢尾科　鸢尾属
准噶尔鸢尾　*Iris songarica*　སྤ་གྲིས།

鸢尾科　鸢尾属

天山鸢尾　*Iris loczyi*　གྲིས་མ་རིགས་ཤིག

兰科　杓兰属

大花杓兰　*Cypripedium macranthos*　ཁྲ་ཐུག་པ།

兰科　盔花兰属

河北盔花兰　*Galearis tschiliensis*　དབང་ལག་སྔོག་ཞུ་མ།

兰科　小红门兰属

广布小红门兰　*Orchis chusua*　དབང་ལག་རིགས་ཤིག

兰科　绶草属

绶草　*Spiranthes sinensis*　དབང་ལག་ར་རྟ་མ།

兰科　掌裂兰属

凹舌兰　*Coeloglossum viride*　དབང་ལག་སྐྱ་བོ།

兰科　掌裂兰属

**掌裂兰**　*Orchis atifolia*　དབང་ལག་དམར་པོ།

兰科　角盘兰属

**角盘兰**　*Herminium alaschanicum*　བྱི་ལྡེ་ལག་པ།

兰科　角盘兰属

**裂瓣角盘兰**　*Herminium alaschanicum*　བྱི་ལྡེ་ལག་པ་རིགས་ཤིག

# 昆 虫 类

# འབུ་སྲིན་གྱི་རིགས།

瓢虫科　突肩瓢虫属

**大斑瓢虫**　*Coccinella magnopunctata*　ལྷམ་བུ་ཁྲ་སྟོང་།

瓢虫科　瓢虫属

**异色瓢虫**　*Harmonia axyridis*　ལྷམ་འབུ་མདོག་འགྱུར།

瓢虫科　瓢虫属

**七星瓢虫**　*Coccinella septempunctata*　ལྷམ་བུ་སྐྱེ་བདུན།

瓢虫科　瓢虫属

纵条瓢虫　*Coccinella longifasciata*　ལྷམ་བུ་གཞུང་སྲུར།

瓢虫科　长足瓢虫属

多异瓢虫　*Hippodamia variegate*　མདོག་མང་ལྷམ་བུ།

露尾甲科　露尾甲属

花斑露尾甲　*Omosita colon*　འབུ་ཊ་རྗེན།

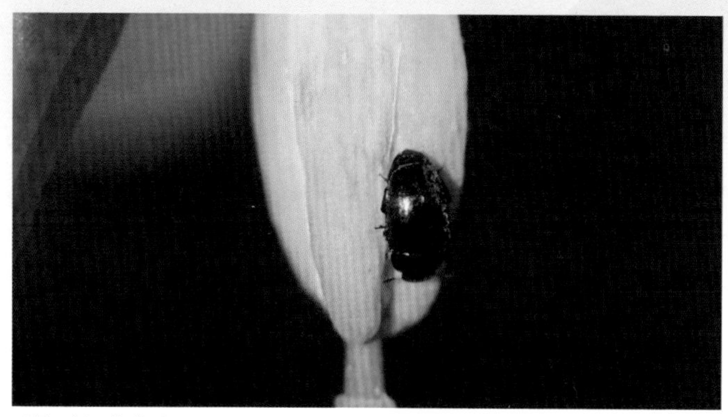

露尾甲科　菜花露尾甲属

**油菜露尾甲**　*Meligethes aeneus*　པད་པའི་འབུ་ལྟེབས།

叶甲科　黄曲条跳甲属

**黄曲条跳甲**　*Phyllotreta vittata*　མཚོང་སྤྲུར།

芫菁科　芫菁属

**红斑芫菁**　*Mylabris speciosa*　ཉུངས་ལྟེབས།

葬甲科　覆葬甲属

普氏覆葬甲　*Nicrophorus przewalskii*　ཕྲུ་མིང་པའི་དུར་སྦྲུར།

葬甲科　覆葬甲属

前星覆葬甲　*Nicrophorus maculifrons*　དུར་སྦྲུར།

葬甲科　覆葬甲属

达乌里覆葬甲　*Nicrophorus dauricus*　ཏའོ་ཧྲི་དུར་སྦྲུར།

葬甲科　覆葬甲属

**中国覆葬甲**　*Nicrophorus sinensis*　ཀྲུང་གོའི་དུར་སྦུར།

隐翅虫科　隐翅虫属

**大隐翅虫**　*Creophilus maxillosus*　གཤོག་ཡིབ་འབུ།

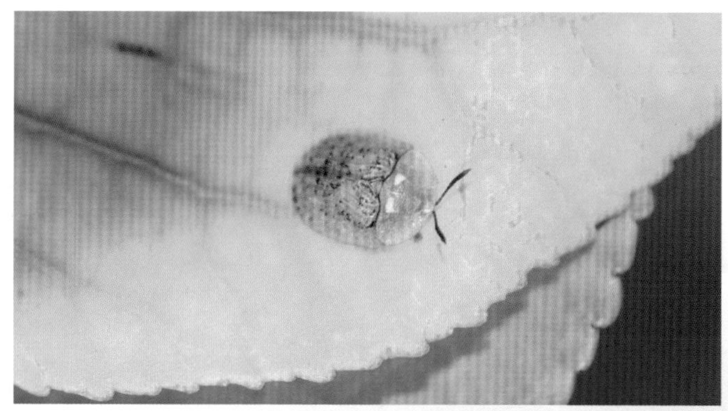

铁甲科　龟甲属

**甜菜大龟甲**　*Cassida nebulosa*　སྦལ་སྦུར།

郭公虫科　食蜂郭公虫属

中华食蜂郭公虫　*Trichodes sinae*　འབུ་སྦྲང་ཟན།

蝽科　真蝽属

日本真蝽　*Pentatoma japonica*　ལྗར་པན་སྦུར་ལོང་།

红蝽科　红蝽属

地红蝽　*Pyrrhocoris tibialis*　ས་དམར་འདམ་སེན།

盲蝽科　草盲蝽属

牧草盲蝽　*Lygus pratensis*　ཕྱུགས་རྩྭ་ལོང་སེན།

蚜科　蚜属

枸杞棉蚜　*Aphis gossypii*　སྲིན་སྦྲང་དམར་པོ།

鹿蛾科　黑鹿蛾属

黑鹿蛾　*Amata ganssuensis*　ཤུ་ལྕེབས་སྨེ་ནག

尺蛾科　霜尺蛾属

桦霜尺蛾　*Alcis repandata*　སྐྱག་སད་མེ་ལྕིབས།

尺蛾科　尾尺蛾属

雪尾尺蛾　*Ourapteryx nivea*　མེ་ལྕིབས་རྫ་དཀར།

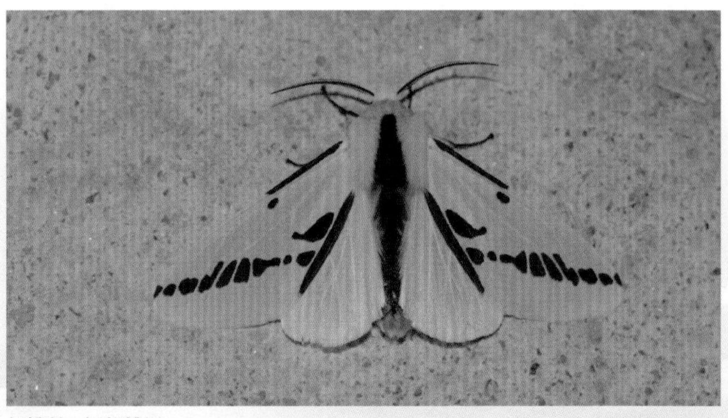

灯蛾科　污灯蛾属

黑带污灯蛾　*Spilarctia quercii*　སྒྲོན་ལྕིབས།

夜蛾科　粘夜蛾属

膜粘夜蛾　*Leucania pallens*　སྲུན་ལྤྱེ་བས།

夜蛾科　金翅夜蛾属

碧金翅夜蛾　*Diachrysia nadeja*　གཤོག་སེར་མཚན་ལྤྱེ་བས།

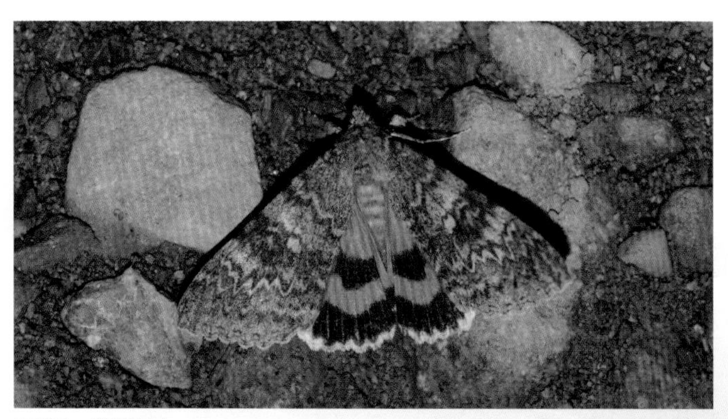

夜蛾科　裳夜蛾属

裳夜蛾　*Catocala nupta*　སྲུན་ལྤྱེ་བས།

波纹蛾科　浩波纹蛾属

浩波纹蛾　*Habrosyna derasa*　མེ་ལྕེབས་ཐིག་རིས་ཅན།

天蛾科　绿天鹅属

榆绿天蛾　*Callambulyx tatarinovi*　མེ་ལྕེབས་རིགས་ཤིག

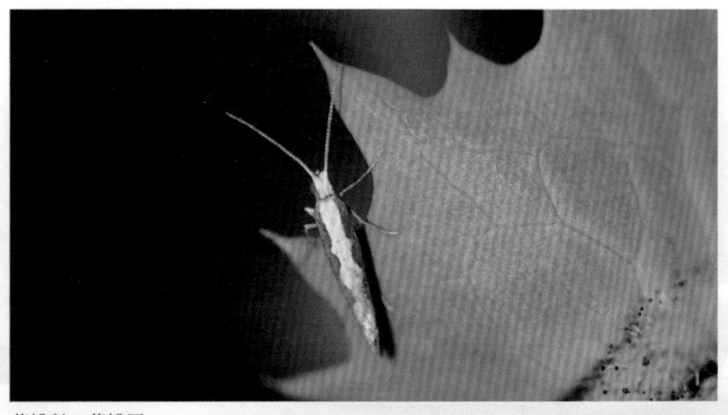

菜蛾科　菜蛾属

小菜蛾　*Plutella xylostella*　འབུ་ལྕེབས་ཆུང་བ།

毒蛾科　雪毒蛾属

杨雪毒蛾　*Leucoma candida*　དུག་ཕྱེ་བས་དཀར་པོ།

毒蛾科　毛虫属

草原毛虫　*Caterpillar*　འབུ་འབུ་ག།

凤蝶科　凤蝶属

柑橘凤蝶　*Papilio xuthus*　གསལ་ཕྱེབ་ཁྲ་མོ།

凤蝶科　凤蝶属

金凤蝶　*Papilio machaon*　གསལ་ཕྱེབ་སེར་པོ།

凤蝶科　丝带凤蝶属

丝带凤蝶　*Sericinus montelus*　གསལ་ཕྱེབ་ཐིག་གཉིས།

绢蝶科　绢蝶属

白绢蝶　*Parnassius stubbendorfii*　ཆུ་ཕྱེ་བ་དཀར་པོ།

绢蝶科　绢蝶属

小红珠绢蝶　*Parnassius nomion*　བྱུར་ཕྱེ་བ་དམར་ཆུང་།

粉蝶科　菜粉蝶属

菜粉蝶　*Pieris rapae*　ཇུལ་ཕྱེ་བ་སྔུམ་ཚོན།

粉蝶科　云粉蝶属

云粉蝶　*Pontia daplidice*　ཕྱེ་ལེ་སྤྲིན་རིས་མ།

粉蝶科　绢粉蝶属

绢粉蝶　*Aporia crataegi*　ཕྱེ་ལེབ་རྩུ་རྡུལ་ཅན།

粉蝶科　绢粉蝶属

小檗绢粉蝶　*Aporia hippia*　རྩུ་རྡུག་ཕྱེབ།

粉蝶科　绢粉蝶属

酪色绢粉蝶　*Aporia intercostata*　སྐྱག་རིས་རྫུལ་ལེབ།

粉蝶科　豆粉蝶属

斑缘豆粉蝶　*Colias erate*　ཐིག་ཁྲ་རྫུལ་ཕྱེབ།

粉蝶科　小粉蝶属

突角小粉蝶　*Leptidea amurensis*　རྫུལ་ཕྱེབ་རྭ་ཅན།

眼蝶科　蛇眼蝶属

蛇眼蝶　*Minois dryas*　སྤྲུལ་མིག་གཟིག་ཕྱེ་བ།

眼蝶科　白眼蝶属

白眼蝶　*Melanargia halimede*　ཕྱེ་ལེབ་སྐྱུན་དཀར་མ།

眼蝶科　藏眼蝶属

藏眼蝶　*Tatinga tibetana*　ཕྱེ་ལེབ་གསང་མིག་མ།

眼蝶科　珍眼蝶属

牧女珍眼蝶　*Coenonympha amaryllis*　མིག་ཕྱེབ་སྨུག་ཆུང་།

眼蝶科　珍眼蝶属

爱珍眼蝶　*Coenonympha oedippus*　གཟི་མིག་ཕྱེབ་ཆུང་།

蛱蝶科　蛱蝶属

朱蛱蝶　*Nymphalis xanthomelas*　ཟླ་ཕྱེབ་གསེར་ཉ།

蛱蝶科　窗蛱蝶属

明窗蛱蝶　*Dilipa fenestra*　སྟག་རིས་ཟྭ་ཕྱེ་བ།

蛱蝶科　帅蛱蝶属

黄帅蛱蝶　*Sephisa princeps*　ཟྭ་ཕྱེ་སྟག་པ།

蛱蝶科　红蛱蝶属

大红蛱蝶　*Vanessa indica*　ཟྭ་ཕྱེ་བ་དམར་པོ།

蛱蝶科　红蛱蝶属

小红蛱蝶　*Vanessa cardui*　ཕྱེ་ལེབ་དམར་ཆུང་།

斑翅蝗科　斑翅蝗属

斑翅蝗　*Edipoda latreille*　ཆ་ག་ག་སྔོག་ཁྲ།

癞蝗科　华癞蝗属

癞蝗　*Sinotmethis Sinotmethis brachy pterus*　ཆ་ག་ག་སྔོག་རལ།

胡蜂科　黄胡蜂属

德国黄胡蜂　*Vespula germanica*　རྡེའུ་སྦྲང་།

# 鱼类、两栖类、爬行类

# ཉ་རིགས་དང་གཉིས་གནས་རིགས། གོག་འགྲོའི་རིགས།

鳅科　高原鳅属

高原鳅　*Triplophysa*　འདམ་ཉ་ཡ་སྡེར།

鲤科　裸裂尻鱼属

黄河裸裂尻　*Schizopygopsis pylzovi*　གསེར་ཉ་གསོག་ཁྲ།

鲤科　裸重唇鱼属

厚唇裸重唇鱼　*Gymnodiptychus pachycheilus*　ཉ་མཆུ་རིང་།

鲤科　裸鲤属

花斑裸鲤　*Gymnocypris eckloni*　གསེར་ཉ་གཙོག་ཁྲ།

蟾蜍科　蟾蜍属

中华蟾蜍　*Bufo gargarizans*　ཀྲུང་ཧྭ་སྦལ་ནག

蛙科　林蛙属

高原林蛙　*Rana kukunoris*　ནགས་སྦལ།

角蟾科　齿突蟾属

西藏齿突蟾　*Scutiger (Scutiger)-boulengengeri*　གངས་འཕར།

蝰蛇科　蝰蛇属

阿拉善蝮蛇　*Gloydius cognatus*　ཐག་སྦྲུལ།

鬣蜥科　沙蜥属

西藏沙蜥　*Phrynocephalus theobaldi*　བྱི་སྐྱིགས།

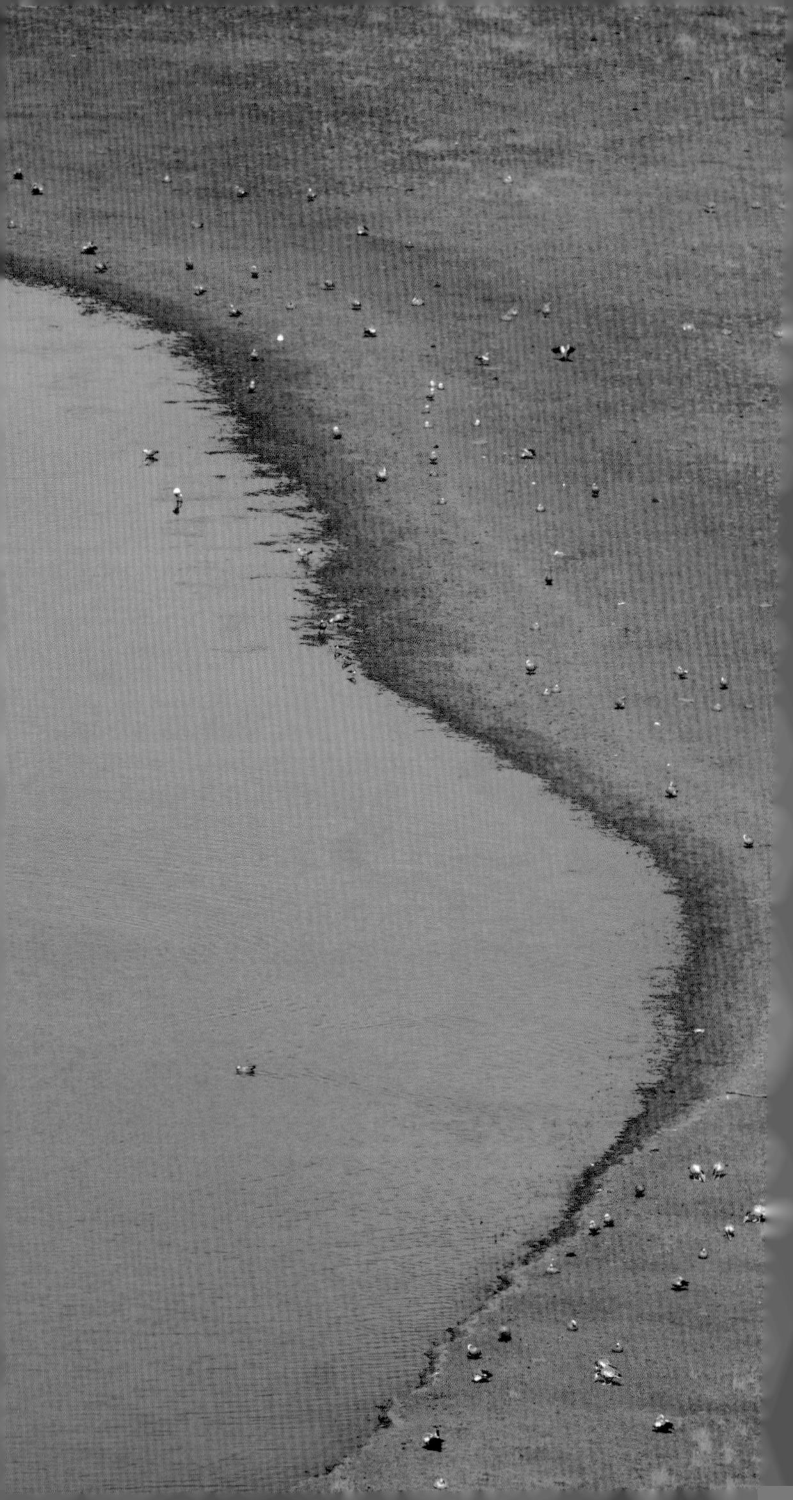

# 鸟 类

# བྱ་རིགས།

鸭科　麻鸭属
赤麻鸭　*Tadorna ferruginea*　ངུར་བ།

鸭科　匙嘴鸭属
白眉鸭　*Spatula querquedula*　ངུར་བ་སྨིན་དཀར།

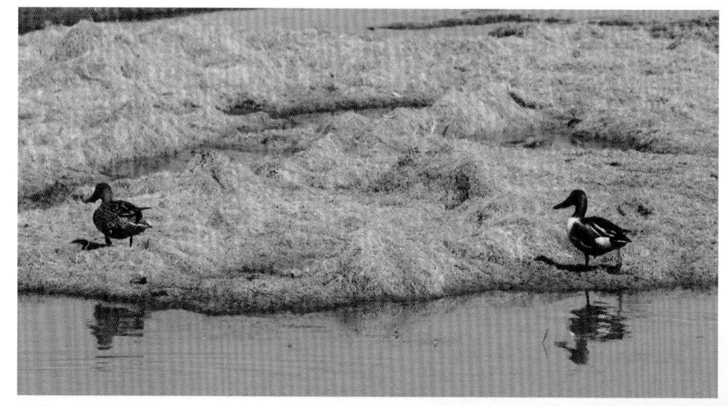

鸭科　匙嘴鸭属
琵嘴鸭　*Spatula clypeata*　ག་ག་ཁྱེམ།

鸭科　狭嘴潜鸭属
赤嘴潜鸭　*Netta rufina*　འཇོལ་གག་མཆུ་དམར།

鸭科　鸭属
斑嘴鸭　*Anas zonorhyncha*　གག་པ་གསེར་འཛིན།

鸭科　鸭属
绿头鸭　*Anas platyrhynchos*　གག་པ་མཆུ་སེར།

鸭科　天鹅属

大天鹅　*Cygnus cygnus*　ངང་དཀར།

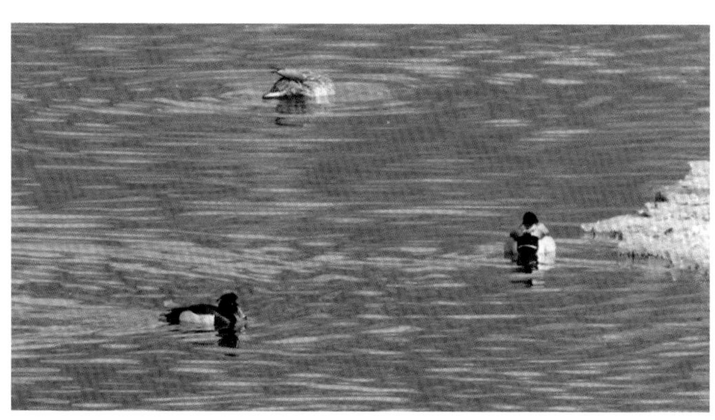

鸭科　潜鸭属

凤头潜鸭　*Aythya fuligula*　གཉིང་གག་རལ་བ།

鸭科　秋沙鸭属

普通秋沙鸭　*Mergus merganser*　ཆུ་བྱ་ཤིར་མོ།

鸭科　雁属

斑头雁　*Anser indicus*　བྱ་ཡོང་ལྷག་ཁྲ།

鸬鹚科　鸬鹚属

普通鸬鹚　*Phalacrocorax carbo*　སོ་བྱ་རོག་པོ།

䴙䴘科　䴙䴘属

凤头䴙䴘　*Podiceps cristatus*　གཏིང་གག་སེར་མགོ།

鹤科　鹤属

黑颈鹤　*Grus nigricollis*　ཁྲུང་ཁྲུང་སྐེ་ནག

鸥科　燕鸥属

普通燕鸥　*Sterna hirundo*　འོལ་མོ།

鸥科　彩头鸥属

棕头鸥　*Chroicocephalus brunnicephalus*　མཚེའུ་སྐྱུར་འོལ་མགོ།།

鸥科　渔鸥属
渔鸥　*Ichthyaetus ichthyaetus*　མཚོ་བྱ་ཉ་ངར།

秧鸡科　水鸡属
黑水鸡　*Gallinula chloropus*　ཆུ་ནག་འོལ་བྱ།

丘鹬科　鹬属
白腰草鹬　*Tringa ochropus*　མཐིང་རིལ་གྲོ་མོ།

丘鹬科　鹬属
红脚鹬　*Tringa totanus*　མཐིང་རིལ་ནྭ་དམར།

丘鹬科　矶鹬属
矶鹬　*Actitis hypoleucos*　ཐིང་བྱིལ།

山雀科　地山雀属
地山雀　*Pseudopodoces humilis*　ཐེ་བོ།

雀科　雀属

麻雀　*Passer montanus*　མཆིལ་པ།

雀科　黑喉雪雀属

棕颈雪雀　*Pyrgilauda ruficollis*　བྲག་བྱེའུ་སྐྱེ་སེར།

雀科　白腰雪雀属

白腰雪雀　*Onychostruthus taczanowskii*　ཟ་ཏ།

雀科　雪雀属

褐翅雪雀　*Montifringilla adamsi*　ཐག་ཁྲེབ།

燕雀科　朱雀属

拟大朱雀　*Carpodacus rubicilloides*　བྱེའུ་སྐྲ་དམར་ཆེན།

燕雀科　朱顶雀属

黄嘴朱顶雀　*Linaria flavirostris*　ཙེ་ཙེ་མཚུ་སེར།

卷尾科　卷尾属
黑卷尾　*Dicrurus macrocercus*　བྱ་ཡུག་སྐྱ་མོ།

鹡鸰科　鹨属
粉红胸鹨　*Anthus roseatus*　འདམ་བྱ་ རྗེ། 

鹡鸰科　鹡鸰属
白鹡鸰　*Motacilla alba*　ཚ་བྲེའུ།

鹡鸰科　鹡鸰属

黄头鹡鸰　*Motacilla citreola*　ཪོ་བྱེའུ་མགོ་སེར།

岩鹨科　岩鹨属

鸲岩鹨　*Prunella rubeculoides*　ཏི་ལི་དང་དམར།

鹭科　鹭属

苍鹭　*Ardea cinerea*　སྐྱར་སྨེ།

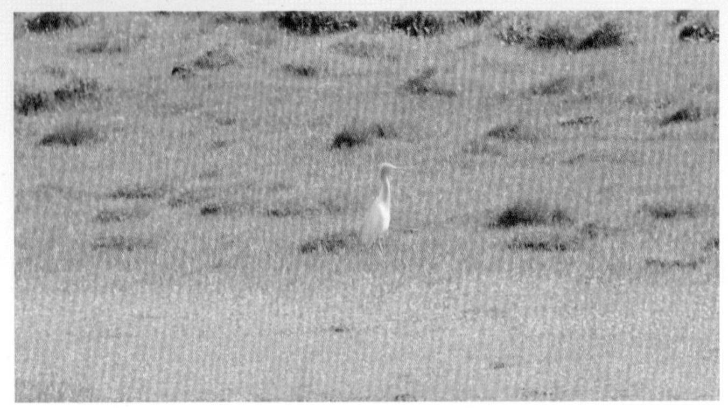

鹭科　牛背鹭属

**牛背鹭**　*Bubulcus coromandus*　སྐྱུར་མོ་ནོར་འདེད།

伯劳科　伯劳属

**青藏楔尾伯劳**　*Lanius giganteus*　དམེ་ལེ་རྒྱབ་དཀར།

鹟科　石䳭属

**黑喉石䳭**　*Saxicola maurus*　ཤིང་མགོའི་བྲ་མོ།

鹟科　红尾鸲属

白喉红尾鸲　*Phoenicurus schisticeps*　བག་བྱིའུ་ཕྲོག་དཀར།

鸱鸮科　小鸮属

纵纹腹小鸮　*Athene noctua*　འུག་ཆུང་ཐུར་ཤ

戴胜科　戴胜属

戴胜　*Upupa epops*　ཕ་སྤུད།

杜鹃科　杜鹃属

大杜鹃　*Cuculus canorus*　ཁུ་བྱུག

鸦科　寒鸦属

达乌里寒鸦　*Coloeus dauuricus*　གྲི་ཁ།

鸦科　鸦属

渡鸦　*Corvus corax*　ཕོ་རོག

鸦科　鸦属

大嘴乌鸦　*Corvus macrorhynchos*　ཁྭ་ཏ།

鸦科　山鸦属

红嘴山鸦　*Pyrrhocorax pyrrhocorax*　སྐྱུང་ཀ

鸦科　鹊属

青藏喜鹊　*Pica bottanensis*　སྐྱ་ཀ

鸠鸽科　鸽属

**岩鸽**　*Columba rupestris*　ཕུག་རོན།

百灵科　云雀属

**小云雀**　*Alauda gulgula*　ཅོ་ཀ

百灵科　角百灵属

**角百灵**　*Eremophila alpestris*　ལྕགས་བྱིའུ།

燕科　燕属

家燕　*Hirundo rustica*　ཁུག་རྟ།

鹳科　鹳属

黑鹳　*Ciconia nigra*　བཞད་ནག

雉科　山鹑属

高原山鹑　*Perdix hodgsoniae*　མཐོ་སྒང་རི་ཤ

雉科　雪鸡属

藏雪鸡　*Tetraogallus tibetanus*　གོང་མོ།

雉科　马鸡属

蓝马鸡　*Crossoptilon auritum*　བྱ་ཐང་སྔོན་མོ།

雉科　马鸡属

白马鸡　*Crossoptilon crossoptilon*　བྱ་ཐང་དཀར་པོ།

雉科　雉属

雉鸡　*Phasianus colchicus*　རེ་བོ།

鹰科　鵟属

大鵟　*Buteo hemilasius*　ནེའུ་ལེ།

鹰科　鸢属

黑鸢　*Milvus migrans*　འོལ་བ།

鹰科　秃鹫属

秃鹫　*Aegypius monachus*　ཐང་ནག

鹰科　兀鹫属

高山兀鹫　*Gyps himalayensis*　རྒོད་ཐང་དཀར།

鹰科　雕属

草原雕　*Aquila nipalensis*　རྫ་གླག

鹰科　胡兀鹫属
胡兀鹫　*Gypaetus barbatus*　རྒོད་པོ།

隼科　隼属
猎隼　*Falco cherrug*　རྗེན་ཁྲ།

隼科　隼属
红隼　*Falco tinnunculus*　ཁྲ་དམར།

鹟科　红尾鸲属

**赭红尾鸲**　*Phoenicurus ochruros*　བག་བྱིའུ་རྐང་འཛིབ།

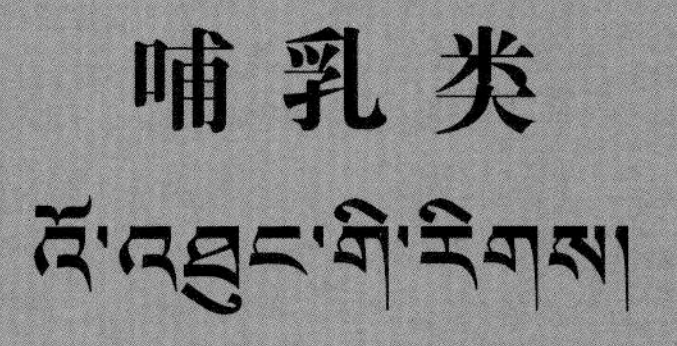

# 哺乳类

# ནོ་འབྱུང་གི་རིགས།

马科　马属

河曲马　*Equus caballus*　རྨ་ཁུག་རྟ།

牛科　野牛属

家牦牛（雪多牦牛）　*Bos grunniens*　ཤ་རྫོ་འབྲོང་ནག

牛科　盘羊属

绵羊（苏呼欧拉羊）　*Ovis aries*　སོག་ལུག

牛科　盘羊属
盘羊　*Ovis ammon*　ཀཉན།

牛科　岩羊属
岩羊　*Pseudois nayaur*　གནའ་བ།

牛科　斑羚属
中华斑羚　*Naemorhedus griseus*　རྒྱ།

犬科　犬属

狗（藏獒） *Canis familiaris*　འབྲོག་ཁྱི།

犬科　犬属

狼 *Canis lupus*　སྤྱང་ཀི།

犬科　狐属

赤狐 *Vulpes Vulpes*　ཝ།

犬科　狐属

藏狐　*Vulpes ferrilata*　སྲེ།

犬科　豺属

豺　*Cuon alpinus*　འཕར་བ།

猫科　豹属

雪豹　*Panthera uncia*　གསའ།

猫科　猞猁属

欧亚猞猁　*Lynx lynx*　གཡི།

猫科　猫属

荒漠猫　*Felis bieti*　རྫ་གཡི།

鼬科　猪獾属

猪獾　*Arctonyx collaris*　ཕག་གྲུམ།

鼬科　鼬属
艾鼬　*Mustela eversmanii*　ཧེ་ལོ།

鼬科　鼬属
黄鼠狼　*Mustela sibirica*　སྲེ་མོང་།

鼬科　水獭属
欧亚水獭　*Lutra lutra*　ཆུ་སྲམ།

松鼠科　旱獭属

喜马拉雅旱獭　*Marmota himalayana*　འཕྱི་བ།

鼠兔科　鼠兔属

高原鼠兔　*Ochotona curzoniae*　ཨ་བྲ།

鼹型鼠科　凸颅鼢鼠属

高原鼢鼠　*Eospalax baileyi*　ཀྲུང་ཧྲུ་བྱི་ལོང་།

兔科　兔属

灰尾兔　*Lepus oiostolus*　རི་བོང་།

鹿科　鹿属

马鹿　*Cervus elaphus*　ཤ་བ།

鹿科　狍属

狍　*Capreolus pygargus*　ཁ་ཤ།

麝科　麝属

马麝　*Moschus chrysogaster*　ཀླ་བ།

蝙蝠科　蝙蝠属

蝙蝠　*Vespertilio*　ཕ་wང་།

# 参考文献
# ཟུར་ལྟའི་ཡིག་ཆ།


[1] 中国科学院中国植物志编委会 . 中国植物志 [M]. 北京 ：科学出版社，2018.

[2] 中国科学院植物研究所 . 中国高等植物图鉴 [M]. 北京 ：科学出版社，2016.

[3] 中国科学院西北高原生物研究所 . 青海经济植物志 [M]. 西宁 ：青海人民出版社，1987.

[4] 中国科学院西北高原生物研究所 . 青海植物志 [M]. 西宁 ：青海人民出版社，1996.

[5] 侯向阳，孙海群 . 青海主要草地类型及常见植物图谱 [M]. 北京 ：中国农业科学技术出版社，2012.

[6] 孙海群 . 青海省主要野生种子植物检索表 [M]. 西宁 ：青海民族出版社，2013.

[7] 孙海群，李希来 . 青海自然植被植物名录及优势植物图谱 [M]. 西宁 ：青海民族出版社，2016.

[8] 嘎务 . 藏药晶镜本草 [M]. 北京 ：民族出版社，2018.

[9] 年宝玉则生态环保协会 . 三江源生物多样性手册 [M]. 拉萨 ：西藏藏文古籍出版社，2019.

[10] 甘南藏族自治州草原工作站 . 甘肃草原植物图谱 [M]. 兰州 ：甘肃科学技术出版社，2017.

[11] 格尔·格桑扎西 . 实用藏药名库 [M]. 西宁：青海民族出版社，1999.
[12] 仁青加 . 藏药药用植物的基本概论 [M]. 拉萨：西藏人民出版社，2004.
[13] 加央尼玛 . 藏药本草·甘露精要 [M]. 北京：中国藏学出版社，2016.
[14]《藏文大辞典》编纂委员会 . 藏医药：药物卷 [M]. 北京：民族出版社，2017.
[15] 元旦，格日草 . 汉藏对照生物学词典 [M]. 北京：民族出版社，2013.
[16] 李多美 . 简明藏医辞典 [M]. 北京：民族出版社，2009.
[17]罗达尚 . 晶珠本草药禄 [M]. 成都：四川民族出版社，2019.
[18]李时珍 . 本草纲目 [M]. 西安：陕西师范大学出版社，2007.
[19]张雨奇 . 动物学：下册 [M]. 长春：东北师范大学出版社，2012.
[20]卡着才让，马戈亮 . 河南蒙古族自治县植物资源图鉴 [M]. 西宁：青海民族出版社，2020.
[21]年保玉则生态保护协会 . 青藏高原山水文化：年保玉则志 [M]. 北京：中国藏学出版社，2018.
[22]马炜梁 . 植物学 [M]. 北京：高等教育出版社，2022.
[23]刁治民，李锦萍 . 药用植物学 [M]. 西安：西北农林科技大学出版社，2015.
[24]周华坤 . 青海省海南藏族自治州维管植物图谱 [M]. 北京：科学出版社，2020.

# 索 引

# འཚོལ་བྱང་།

## 大型真菌类

B
白杯伞 015
白刺马勃 004
白鳞环锈伞 006
白鳞蘑菇 010
白膜丝膜菌 012
白霜杯伞 008
白秃马勃 005
半卵形斑褶菇 007
半卵形斑褶菇 015
变黑湿伞 003

C
橙黄网孢盘菌 014
赤褐鹅膏菌 014
簇生离褶伞 009

D
大肥蘑菇 011
大秃马勃 005
冬虫夏草 013
短柄粘盖牛肝菌 013

F
粪鬼伞 016
粪生光盖伞 006

H
褐美丝膜菌 005
黑脉羊肚菌 016
黄粉牛肝菌 016
黄褐丝盖伞 014
黄绿蜜环菌 008
灰褐小菇 012

J
假松口蘑 008
洁小菇 010
紧缩花褶伞 015
卷边网褶菌 003

L
裂皮白环菇 010
鳞柄口蘑 009

M
蘑菇 011

R
绒盖干酪菌 012

S
斯氏灰顶伞 007

W
纹缘盔孢伞 004

X
夏生蘑菇 011
香杏丽蘑 007
斜盖粉褶菌 013

Y
烟色垂幕菇 006
油黄口蘑 009
朱黄湿伞 004

## 植物类

A
阿尔泰狗娃花 138
阿拉善马先蒿 127
矮垂头菊 151
矮火绒草 142
矮金莲花 038
矮生忍冬 134

矮生嵩草　179
矮葶苈　059
暗绿紫堇　053
凹舌兰　196
凹叶瑞香　091

B
巴天酸模　028
白苞筋骨草　118
白草　176
白花刺参　136
白花点地梅　102
白花甘肃马先蒿　130
白莲蒿　145
白亮独活　094
白缘蒲公英　159
百里香杜鹃　100
斑唇马先蒿　128
半扭卷马先蒿　131
瓣蕊唐松草　041
薄蒴草　033
宝盖草　121
抱茎风毛菊　154
抱茎獐牙菜　114
杯花韭　190
杯腺柳　024
北疆薹草　182
北京铁角蕨　021
萹蓄　028
扁刺蔷薇　072
扁蕾　113
滨发草　172
冰草　169
冰川茶藨子　066
冰岛蓼　026
波伐早熟禾　165
播娘蒿　059

C
糙草　116
糙果紫堇　051
糙喙薹草　183
糙毛以礼草　169
草地老鹳草　086
草地早熟禾　164
草麻黄　023
草玉梅　043
长柄唐松草　042
长刺茶藨子　067
长果婆婆纳　123
长花天门冬　188
长茎藁本　095
长穗三毛草　178
长柱沙参　137
车前状垂头菊　150
橙红狗舌草　147
匙叶小檗　049
匙叶翼首花　136
臭蒿　145
川赤芍　047
川滇柳　024
川甘毛鳞菊　160
川西风毛菊　155
川西小黄菊　144
垂果南芥　057
垂穗披碱草　169
垂枝早熟禾　165
刺儿菜　152
刺藜　031
刺芒龙胆　109
刺沙蓬　031
葱状灯芯草　188
粗茎秦艽　111
粗距紫堇　054
粗野马先蒿　129
粗壮嵩草　180
簇生卷耳　033

D
达乌里秦艽　108
大唇马先蒿　129
大唇拟鼻花马先蒿130
大果圆柏　022
大花杓兰　195
大花龙胆　111
大拟鼻花马先蒿　131
大雀麦　167
大通翠雀　040
大颖草　168
单子麻黄　023
淡黄香青　143
德钦红景天　063
垫状点地梅　103
垫状偃卧繁缕　035
迭裂黄堇　051
叠裂银莲花　043
丁座草　123
钉柱委陵菜　071
顶羽菊　158
东俄洛风毛菊　156
东俄洛沙蒿　146
东方草莓　069
东方茶藨子　067
独行菜　055
独一味　121
短柄草　168
短柄龙胆　112
短管兔耳草　125

短穗兔耳草 125
短腺小米草 124
短叶锦鸡儿 076
钝裂银莲花 044
多刺绿绒蒿 049
多茎委陵菜 072
多枝黄耆 078

E
鹅绒委陵菜 071
二裂委陵菜 071
二色香青 144

F
发草 172
飞蓬 141
伏毛铁棒锤 039
福禄草 034

G
甘露子 120
甘蒙锦鸡儿 076
甘青报春 103
甘青大戟 087
甘青老鹳草 086
甘青青兰 120
甘青铁线莲 045
甘青乌头 039
甘松 135
甘肃贝母 192
甘肃臭草 162
甘肃大戟 088
甘肃黄芩 119
甘肃棘豆 080
甘肃马先蒿 127
甘肃瑞香 091
甘肃嵩草 180
甘肃小檗 048
甘肃雪灵芝 034
干生薹草 182
刚毛忍冬 134
高山柏 022
高山豆 079
高山黄华 084
高山韭 189
高山龙胆 111
高山露珠草 093
高山嵩草 180
高山唐松草 042
高山绣线菊 068
高山紫菀 140
高原毛茛 045
高原千里光 147
高原香薷 118
高原荨麻 025
葛缕子 098
管花秦艽 108
光稃茅香
（光稃香草）173
光果婆婆纳 124
广布小红门兰 196
鬼箭锦鸡儿 076

H
海韭菜 161
海乳草 101
旱雀麦 166
禾叶风毛菊 156
禾叶嵩草 181
合萼肋柱花 114
河北盔花兰 195
褐毛垂头菊 151
黑边假龙胆 113
黑柴胡 096
黑褐穗薹草 183
黑蕊虎耳草 064
黑紫花黄耆 077
黑足金粉蕨 020
红花绿绒蒿 050
红花岩黄芪 081
红花紫堇 052
红紫桂竹香
（红紫糖芥）058
红棕薹草 184
喉毛花 116
湖北花楸 073
花葶驴蹄草 038
花叶海棠 073
华北獐牙菜 115
华扁穗草 179
华马先蒿 128
华雀麦 167
华西委陵菜 072
黄花粉叶报春 104
黄花棘豆 079
黄花鸭首马先蒿 126
黄缨菊 151
黄帚橐吾 149
灰苞蒿 146
灰果蒲公英 159
灰绿藜 032
灰栒子 069
灰枝紫菀 138
茴香 098
火绒草 142

J
芨芨草 175

鸡娃草 107
荠 056
假水生龙胆 110
假苇拂子茅 173
尖苞薹草 185
尖齿糙苏 122
尖鳞薹草 184
尖叶景天 063
箭叶橐吾 148
角盘兰 198
节节草 019
金莲花 038
金露梅 070
金球黄堇 053
救荒野豌豆 083
菊叶香藜 031
苣荬菜 159
具鳞水柏枝 089
卷耳 034
卷鞘鸢尾 193
卷叶黄精 189
蕨麻 073

K

康藏荆芥 121
苦马豆 075
块茎岩黄芪 082
宽苞棘豆 081
宽穗赖草 171
宽叶独行菜 055
宽叶羌活 097
葵花大蓟 152

L

拉拉藤 133
赖草 170
蓝白龙胆 110
蓝苞葱 190
蓝侧金盏花 047
蓝花卷鞘鸢尾 193
蓝玉簪龙胆 108
狼毒 090
老芒麦 170
肋果沙棘 092
肋柱花 113
冷地早熟禾 164
冷蕨 020
藜 032
栗花灯心草 188
镰形棘豆 080
两裂婆婆纳 124
烈香杜鹃 100
裂瓣角盘兰 198
裂叶独活 094
鳞茎堇菜 090
铃铃香青 143
菱叶大黄 027
瘤糖茶藨子 067
柳兰 093
柳叶菜风毛菊 155
陇蜀杜鹃 101
露蕊乌头 040
轮叶黄精 189
轮叶马先蒿 131
落芒草 174

M

麻花艽 107
马蔺 194
马尿泡 122
马衔山黄耆 077
麦蓍草 170
脉花党参 138
芒洽草 177
毛翠雀花 040
毛稃羊茅 163
毛茛状金莲花 039
毛果荨麻 025
毛连菜 158
毛湿地繁缕 035
毛葶苈 060
美丽风毛菊 154
美头火绒草 141
蒙古蒿 147
蒙古葶苈 059
迷果芹 096
米尔克棘豆 081
米林蔓黄芪 085
密花角蒿 132
密花早熟禾 166
密生福禄草 037
密穗香薷 118
密序山萮菜 061
岷山报春 104
木里薹草 185
穆坪耳蕨 020

N

尼泊尔酸模 027
拟耧斗菜 041
拟小檗 048
牛尾蒿 146
女娄菜 036

P

盘花垂头菊 150
蓬子菜 133
披针叶黄华 074

偏翅龙胆 110
贫花鹅观草 168
平车前 132
平卧轴藜 032
匍匐水柏枝 089
匍匐栒子 068
蒲公英 158

Q
祁连圆柏 022
洽草 177
羌活 097
青藏大戟 087
青藏垫柳 024
青藏虎耳草 064
青藏龙胆 112
青藏薹草 185
青甘韭 190
青海草地早熟禾 164
青海黄精 192
青海黄耆 078
青海苜蓿 075
青海云杉 021
球花报春 105
球穗藨草 178
瞿麦 037
全缘绿绒蒿 050

R
柔毛蓼 030
柔软紫菀 139
肉果草 123
儒侏马先蒿 126
乳白香青 143
锐果鸢尾 193
瑞苓草（钝苞雪莲）153

S
三角叶蟹甲草 161
三裂碱毛茛 047
三脉梅花草 066
涩荠 058
沙生繁缕 035
山地虎耳草 065
山生柳 023
山野豌豆 084
杉叶藻 094
少花延胡索 054
蛇果黄堇 052
狮牙风毛菊 155
湿生扁蕾 112
绶草 196
疏齿银莲花 044
疏序黄帚橐吾 149
鼠掌老鹳草 086
双叉细柄茅 176
双柱头藨草
（双柱头针蔺） 178
双柱头藨藨草 187
水麦冬 162
水毛茛 046
水母雪兔子 156
水生酸模 027
丝毛飞廉 153
丝颖针茅 175
四裂红景天 061
四数獐牙菜 114
松潘棱子芹 099
宿根亚麻
（多年生亚麻） 087
酸模 028
碎米蕨叶马先蒿 127
梭砂贝母 191

T
胎生早熟禾 165
唐古特大黄 026
唐古特红景天 062
唐古特虎耳草 064
唐古特瑞香 091
唐古特山莨菪 122
唐古特橐吾 149
唐古特雪莲 157
唐古特岩黄芪 082
糖茶藨子 066
糖芥绢毛菊 160
洮河柳 025
天蓝苜蓿 075
天山报春 104
天山千里光 148
天山瓦韦 019
天山鸢尾 195
条裂黄堇 052
条裂碱毛茛 046
条裂银莲花 043
条纹龙胆 109
条叶垂头菊 150
头花杜鹃 100
凸额马先蒿 132
团垫黄耆 079
椭圆叶花锚 115

W
歪头菜 083
弯齿风毛菊 157
弯花紫堇 053
菵草 173
微孔草 117
萎软紫菀 140
问荆 019

无茎黄鹌菜　160
无芒雀麦　167
无尾果　069
五脉绿绒蒿　049

X
西北黄耆　077
西北针茅　175
西伯利亚蓼　029
西藏报春　105
西藏点地梅　102
西藏棱子芹　099
西藏沙棘　092
西藏嵩草　181
西藏微孔草　116
西藏野豌豆　084
菥蓂　055
锡金岩黄芪　082
喜马红景天　062
喜马拉雅沙参　137
喜马拉雅嵩草　181
喜山葶苈　060
细秆藨草　179
细果角茴香
（节裂角茴香）　051
细裂亚菊　145
细叶蓼　029
细叶薹草　186
细叶亚菊　144
细蝇子草　037
狭苞紫菀　141
狭萼报春　105
狭叶红景天　061
夏河紫菀　139
鲜黄小檗　048
线叶龙胆　109
线叶嵩草　182
腺异蕊芥　057
香芸火绒草　142
小白藜　033
小丛红景天　062
小大黄　026
小灯心草　187
小花草玉梅　044
小花剪股颖　177
小花西藏微孔草　117
小薹草　186
小微孔草　117
小叶金露梅　070
斜茎黄耆　078
缬草　135
心愿报春　106
星状风毛菊　153
熏倒牛　085

Y
鸦葱　161
鸦跖花　046
雅江点地梅　103
岩生忍冬　134
羊茅　162
野葵　089
伊凡薹草　186
异色风毛菊　157
异燕麦　171
异叶青兰　120
异针茅　174
阴郁马先蒿　129
银露梅　074
蚓果芥　058
隐瓣山莓草　070
隐瓣蝇子草　036
隐匿景天　063
优越虎耳草　065
鼬瓣花　119
羽叶点地梅　101
玉龙蕨　021
圆瓣黄花报春　106
圆萼刺参　136
圆穗蓼
（头花蓼）　030
圆穗兔耳草　125
圆叶堇菜　090
云南紫菀　139
云生毛茛　045
芸香叶唐松草　041

Z
藏荠　056
藏蓟　152
藏芥　060
藏异燕麦　171
泽漆　088
窄叶鲜卑花　068
窄叶野豌豆　083
粘毛鼠尾草　119
展苞灯心草　187
掌裂兰　197
掌叶橐吾　148
爪瓣虎耳草　065
沼生繁缕　036
沼生蔊菜
（风花菜）057
沼生柳叶菜　093
折被韭　191
直梗高山唐松草　042
直茎黄堇　054
直立点地梅　102

中国马先蒿 128
中国沙棘 092
中华羊茅 163
重齿风毛菊 154
重冠紫菀 140
珠芽蓼 029
猪毛菜 030
猪殃殃 133
准噶尔鸢尾 194
紫花韭 191
紫花碎米荠 056
紫花雪山报春 106
紫花针茅 174
紫罗兰报春花 107
紫色悬钩子 074
紫穗槐 085
紫羊茅 163
总状花绿绒蒿 050
钻裂风铃草 137
醉马草 176

## 动物类

A
阿拉善蝮蛇 226
艾鼬 258
爱珍眼蝶 217
白喉红尾鸲 241
白鹡鸰 238
白绢蝶 213
白马鸡 246
白眉鸭 229
白眼蝶 216
白腰草鹬 234
白腰雪雀 236

B
斑翅蝗 219
斑头雁 232
斑缘豆粉蝶 215
斑嘴鸭 230
碧金翅夜蛾 209
蝙蝠 261

C
菜粉蝶 213
苍鹭 239
藏雪鸡 246
藏眼蝶 216
草原雕 248
草原毛虫 211
豺 256
赤狐 255
赤麻鸭 229
赤嘴潜鸭 230

D
达乌里覆葬甲 204
达乌里寒鸦 242
大斑瓢虫 201
大杜鹃 242
大红蛱蝶 218
大鵟 247
大天鹅 231
大隐翅虫 205
大嘴乌鸦 243
戴胜 241
德国黄胡蜂 220
地红蝽 206
地山雀 235
渡鸦 242
多异瓢虫 202

F
粉红胸鹨 238
凤头䴙䴘 232
凤头潜鸭 231

G
柑橘凤蝶 212
高山兀鹫 248
高原鼢鼠 259
高原林蛙 225
高原鳅 223
高原山鹑 245
高原鼠兔 259
狗（藏獒） 255
枸杞棉蚜 207

H
浩波纹蛾 210
褐翅雪雀 237
河曲马 253
黑带污灯蛾 208
黑鹳 245
黑喉石䳭 240
黑颈鹤 233
黑卷尾 238
黑鹿蛾 207
黑水鸡 234
黑鸢 247
红斑芫菁 203
红脚鹬 235
红隼 249
红嘴山鸦 243
厚唇裸重唇鱼 223
胡兀鹫 249
花斑露尾甲 202
花斑裸鲤 224

桦霜尺蛾　208
荒漠猫　257
黄河裸裂尻　223
黄曲条跳甲　203
黄鼠狼　258
黄帅蛱蝶　218
黄头鹡鸰　239
黄嘴朱顶雀　237
灰尾兔　260

J
矶鹬　235
家牦牛
（雪多牦牛）253
家燕　245
角百灵　244
金凤蝶　212
绢粉蝶　214

L
癞蝗　219
蓝马鸡　246
狼　255
酪色绢粉蝶　215
猎隼　249
绿头鸭　230

M
麻雀　236
马鹿　260
马麝　261
绵羊（欧拉羊）　253
明窗蛱蝶　218
膜粘夜蛾　209
牧草盲蝽　207
牧女珍眼蝶　217

N
拟大朱雀　237
牛背鹭　240

O
欧亚猞猁　257
欧亚水獭　258

P
盘羊　254
狍　260
琵嘴鸭　229
普氏覆葬甲　204
普通鸬鹚　232
普通秋沙鸭　231
普通燕鸥　233

Q
七星瓢虫　201
前星覆葬甲　204
青藏喜鹊　243
青藏楔尾伯劳　240
鸲岩鹨　239

R
日本真蝽　206

S
裳夜蛾　209
蛇眼蝶　216
丝带凤蝶　212

T
甜菜大龟甲　205
秃鹫　248
突角小粉蝶　215

X
西藏齿突蟾　225
西藏沙蜥　226
喜马拉雅旱獭　259
小檗绢粉蝶　214
小菜蛾　210
小红蛱蝶　219
小红珠绢蝶　213
小云雀　244
雪豹　256
雪尾尺蛾　208

Y
岩鸽　244
岩羊　254
杨雪毒蛾　211
异色瓢虫　201
油菜露尾甲　203
渔鸥　234
榆绿天蛾　210
云粉蝶　214

Z
藏狐　256
赭红尾鸲　250
雉鸡　247
中国覆葬甲　205
中华斑羚　254
中华蟾蜍　225
中华食蜂郭公虫　206
朱蛱蝶　217
猪獾　257
棕颈雪雀　236
棕头鸥　233
纵条瓢虫　202
纵纹腹小鸮　241

## Fungi

A

*Agaricus aestivalis* 011

*Agaricus bernardii* 010

*Agaricus campestris* 011

*Agaricus bitorquis* 011

*Aleutia aurantia* 014

*Amanita fulva* 014

*Anellaria semiovata* 015

*Anellaria semiovata* 007

*Armillaria luteo-virens* 008

C

*Calocybe gambosa* 007

*Calvatia candida* 005

*Calvatia gigantea* 005

*Clitocybe phyllophila* 015

*Clitocybedealbata* 008

*Coprinus sterquilinus* 016

*Cordyceps sinensis* 013

*Cortinarius hinnuleus* 012

*Cortinarius umbrinobellus* 005

D

*Deconica coprophila* 006

G

*Galerina marginata* 004

H

*Hygrocybe conica* 003

*Hygrocybesuzukaensis* 004

*Hypholoma capnoides* 006

I

*Inocybe flavonbrunea* 014

L

*Leucoagaricus excoriates* 010

*Lycoperdon wrightii* 004

*Lyophyllum aggregatum* 009

M

*Morchella angusticeps* 016

*Mycena pura* 010

*Mycena amygdalia* 012

P

*Panaeolus sphinctrinus* 015

*Paxillus involutus* 003

*Pholiota destruens* 006

*Pulveroboletus ravenelii* 016

R

*Rhodophyllus abortivum* 013

S

*Suillus brevipes* 013

T

*Tephrocybe striipilea* 007

*Tricholoma flavovirens* 009

*Tricholoma psammopus* 009

*Tricholoma bakamatsutake* 008

*Tyromyces pubescens* 012

## Plants

A

*Achnatherum inebrians* 176

*Achnatherum splendens* 175

*Aconitum flavum* 039
*Aconitum gymnandrum* 040
*Aconitum tanguticum* 039
*Acroptilon repens* 158
*Adenophora himalayana* 137
*Adenophora stenanthina* 137
*Adonis coerulea* 047
*Agropyron cristatum* 169
*Agrostis micrantha* 177
*Ajania przewalskii* 145
*Ajania tenuifolia* 144
*Ajuga lupulina* 118
*Allium atrosanguineum* 190
*Allium chrysocephalum* 191
*Allium cyathophorum* 190
*Allium przewalskianum* 190
*Allium sikkimense* 189
*Allium subangulatum* 191
*Amorpha fruticosa* 085
*Anaphalis bicolor* 144
*Anaphalis flavescens* 143
*Anaphalis hancockii* 143
*Anaphalis lactea* 143
*Androsace erecta* 102
*Androsace incana* 102
*Androsace mariae* 102
*Androsace tapete* 103
*Androsace yargongensis* 103
*Anemone imbricata* 043
*Anemone obtusiloba* 044
*Anemone obtusiloba* 044
*Anemone rivularis* 043
*Anemone rivularis* 044
*Anemone trullifolia* 043
*Anisodus tanguticus* 122
*Arabis pendula* 057
*Arenaria kansuensis* 034
*Arenaria przewalskii* 034
*Argentina anserina* 073
*Artemisia desertorum* 146
*Artemisia dubia* 146
*Artemisia hedinii* 145
*Artemisia mongolica* 147
*Artemisia roxburghiana* 146
*Artemisia sacrorum* 145
*Asparagus longiflorus* 188
*Asperugo procumbens* 116
*Asplenium pekinense* 021
*Aster alpinus* 140
*Aster diplostephioides* 140
*Aster farreri* 141
*Aster flaccidus* 139
*Aster flaccidus* 140
*Aster poliothamnus* 138
*Aster yunnanensis* 139
*Aster yunnanensis* 139
*Astragalus adsurgens* 078
*Astragalus arnoldii* 079
*Astragalus fenzelianus* 077
*Astragalus mahoschanicus* 077
*Astragalus polycladus* 078
*Astragalus przewalskii* 077
*Astragalus tanguticus* 078
*Axyris prostrata* 032

B

*Batrachium bungei* 046
*Beckmannia syzigachne* 173
*Berberis diaphana* 048
*Berberis dubia* 048
*Berberis vernae* 049
*Berberis vulgaris* 048
*Biebersteinia heterostemon* 085
*Blysmus sinocompressus* 179
*Boschniakia himalaica* 123
*Brachypodium sylvaticum* 168
*Bromus inermis* 167
*Bromus magnus* 167

Bromus sinensis 167
Bromus tectorum 166
Bupleurum smithii 096

C
Calamagrostis pseudophragmites 173
Caltha scaposa 038
Campanula aristata 137
Capsella bursa-pastoris 056
Caragana brevifolia 076
Caragana jubata 076
Caragana opulens 076
Cardamine tangutorum 056
Carduus crispus 153
Carex arcatica 182
Carex aridula 182
Carex atrata 184
Carex atrofusca 183
Carex duriuscula 186
Carex hughii 181
Carex ivanovae 186
Carex kokanica 181
Carex microglochin 185
Carex moorcroftii 185
Carex muliensis 185
Carex parva 186
Carex przewalskii 184
Carex pseuduncinoides 180
Carex scabrirostris 183
Carum carvi 098
Cerastium arvense 034
Cerastium caespitosum 033
Chaetoseris roborowskii 160
Chamaenerion angustifolium 093
Cheiranthus roseus 058
Chenopodium album 032
Chenopodium aristatum 031
Chenopodium foetidum 031
Chenopodium glaucum 032
Chenopodium iljinii 033
Circaea alpina 093
Cirsium lanatum 152
Cirsium setosum 152
Cirsium souliei 152
Clematis tangutica 045
Codonopsis foetens 138
Coeloglossum viride 196
Coluria longifolia 069
Comastoma pulmonarium 116
Corydalis curviflora 053
Corydalis dasyptera 051
Corydalis eugeniae 054
Corydalis linarioides 052
Corydalis melanochlora 053
Corydalis mucronifera 053
Corydalis pauciflora 054
Corydalis stricta 054
Corydalisophiocarpa 052
Corydalispunicea 052
Corydalistrachycarpa 051
Cotoneaster acutifolius 069
Cotoneaster adpressus 068
Cremanthodium brunneopiloesum 151
Cremanthodium discoideum 150
Cremanthodium ellisii 150
Cremanthodium humile 151
Cremanthodium lineare 150
Cypripedium macranthos 195
Cystopteris fragilis 020

D
Daphne retusa 091
Daphne tangutica 091
Daphne tangutica 091
Dasiphora glabra 074
Delphinium pylzowii 040
Delphinium trichophorum 040
Deschampsia cespitosa 172

*Deschampsia littoralis* 172
*Descurainia sophia* 059
*Dianthus superbus* 037
*Dimorphostemon glandulosus* 057
*Dolophragma juniperinum* 037
*Draba eriopoda* 060
*Draba handelii* 059
*Draba mongolica* 059
*Draba oreades* 060
*Dracocephalum heterophyllum* 120
*Dracocephalum tanguticum* 120

E

*Elsholtzia densa* 118
*Elsholtzia feddei* 118
*Elymus nutans* 169
*Elymus sibiricus* 170
*Elymus tangutorum* 170
*Ephedra monosperma* 023
*Ephedra sinica* 023
*Epilobium palustre* 093
*Equisetum arvense* 019
*Erigeron acris* 141
*Euphorbia altotibetica* 087
*Euphorbia helioscopia* 088
*Euphorbia kansuensis* 088
*Euphorbia micractina* 087
*Euphrasia regelii* 124
*Eutrema heterophyllum* 061

F

*Festuca ovina* 162
*Festuca rubra* 163
*Festuca rubra* 163
*Festuca sinensis* 163
*Foeniculum vulgare* 098
*Fragaria orientalis* 069
*Fritillaria przewalskii* 192

G

*Galearis tschiliensis* 195
*Galeopsis bifida* 119
*Galium spurium* 133
*Galium spurium* 133
*Galium verum* 133
*Gentiana algida* 111
*Gentiana crassicaulis* 111
*Gentiana dahurica* 108
*Gentiana futtereri* 112
*Gentiana leucomelaena* 110
*Gentiana pseudo-aquatica* 110
*Gentiana pudica* 110
*Gentiana siphonantha* 108
*Gentiana stipitata* 112
*Gentiana straminea* 107
*Gentiana striata* 109
*Gentiana szechenyii* 111
*Gentiana veitchiorum* 108
*Gentiana aristata* 109
*Gentiana lawrencei* 109
*Gentianella azurea* 113
*Gentianopsis barbata* 113
*Gentianopsis paludosa* 112
*Geranium pratense* 086
*Geranium pylzowianum* 086
*Geranium sibiricum* 086
*Glaux maritima* 101

H

*Halenia elliptica* 115
*Halerpestes tricuspis* 047
*Halerpestestricuspis* 046
*Hedinia tibetica* 056
*Hedysarum algidum* 082
*Hedysarum multijugum* 081
*Hedysarum sikkimense* 082
*Hedysarum tanguticum* 082

*Helictochloa hookeri* 171
*Helictotrichon tibeticum* 171
*Heracleum candicans* 094
*Heracleum millefolium* 094
*Herminium alaschanicum* 198
*Herminium alaschanicum* 198
*Heteropappus altaicus* 138
*Hierochloe glabra* 173
*Hippochaete ramosissima* 019
*Hippophae neurocarpa* 092
*Hippophae rhamnoides* 092
*Hippophae thibetana* 092
*Hippuris vulgaris* 094
*Hypecoumleptocarpum* 051

I

*Incarvillea compacta* 132
*Iris goniocarpa* 193
*Iris lactea* 194
*Iris loczyi* 195
*Iris potaninii* 193
*Iris potaninii* 193
*Iris songarica* 194
*Isolepis setacea* 179

J

*Juncus allioides* 188
*Juncus bufonius* 187
*Juncus castaneus* 188
*Juncus thomsonii* 187
*Juniperus squamata* 022
*Juniperus tibetica* 022
*Juniperus tibetica* 191

K

*Kengyilia grandiglumis* 168
*Kengyilia hirsuta* 169
*Kobresia capillifolia* 182
*Kobresia humilis* 179
*Kobresia pygmaea* 180
*Kobresia robusta* 180
*Kobresia tibetica* 181
*Koeleria cristata* 177
*Koeleria litvinowii* 177
*Koenigia islandica* 026

L

*Lagotis brachystachya* 125
*Lagotis brevituba* 125
*Lagotis ramalana* 125
*Lamiophlomis rotate* 121
*Lamium amplexicaule* 121
*Lancea tibetica* 123
*Leontopodium calocephalum* 141
*Leontopodium haplophylloides* 142
*Leontopodium leontopodioides* 142
*Leontopodium nanum* 142
*Lepidium apetalum* 055
*Lepidium latifolium* 055
*Lepisorus albertii* 019
*Lepyrodiclis holosteoides* 033
*Leymus ovatus* 171
*Leymus secalinus* 170
*Ligularia przewalskii* 148
*Ligularia sagitta* 148
*Ligularia tangutorum* 149
*Ligularia virgaurea* 149
*Ligularia virgaurea* 149
*Ligusticum thomsonii* 095
*Linum perenne* 087
*Lomatogonium carinthiacum* 113
*Lomatogonium gamosepalum* 114
*Lonicera hispida* 134
*Lonicera minuta* 134
*Lonicera rupicola* 134

M

*Malcolmia africana* 058

*Malus transitoria* 073
*Malva verticillata* 089
*Meconopsis horridula* 049
*Meconopsis horridula* 050
*Meconopsis integrifolia* 050
*Meconopsis quintuplinervia* 049
*Meconopsispunicea* 050
*Medicago archiducis-nicolai* 075
*Medicago lupulina* 075
*Melica przewalskyi* 162
*Microula sikkimensis* 117
*Microula tibetica* 117
*Microula tibetica* 116
*Microula younghusbandii* 117
*Morina alba* 136
*Morina chinensis* 136
*Myricaria prostrata* 089
*Myricaria squamosa* 089

N

*Nardostachys chinensis* 135
*Neotorularia humilis* 058
*Nepeta prattii* 121
*Notopterygium forbesii* 097
*Notopterygium incisum* 097

O

*Onychium cryptogrammoides* 020
*Orchis atifolia* 197
*Orchis chusuan* 196
*Oryzopsis munroi* 174
*Oxygraphis glacialis* 046
*Oxytropis falcate* 080
*Oxytropis kansuensis* 080
*Oxytropis latibracteata* 081
*Oxytropis merkensis* 080
*Oxytropis ochrocephala* 079

P

*Paeonia veitchii* 047
*Paraquilegia microphylla* 041
*Parasenecio deltophyllus* 161
*Parnassia trinervis* 066
*Pedicularis alaschanica* 127
*Pedicularis anas* 126
*Pedicularis cheilanthifolia* 127
*Pedicularis chinensis* 128
*Pedicularis cranolopha* 132
*Pedicularis kansuensis* 127
*Pedicularis kansuensis* 130
*Pedicularis longiflora* 128
*Pedicularis oederi* 128
*Pedicularis pygmaea* 126
*Pedicularis rhinanthoides* 129
*Pedicularis rhinanthoides* 130
*Pedicularis rhinanthoides* 131
*Pedicularis rudis* 129
*Pedicularis semitorta* 131
*Pedicularis tristis* 129
*Pedicularis verticillata* 131
*Pennisetum centrasiaticum* 176
*Phlomis dentosa* 122
*Phyllolobium milingense* 085
*Picea crassifolia* 021
*Picris hieracioides* 158
*Plantago depressa* 132
*Pleurospermum franchetianum* 099
*Pleurospermum hookeri* 099
*Plumbagella micrantha* 107
*Poa albertii* 165
*Poa attenuata* 165
*Poa crymophila* 164
*Poa pachyantha* 166
*Poa pratensis* 164
*Poa Pratensis* 164
*Poa szechuensis* 165

*Polygonatum cirrhifolium* 189
*Polygonatum qinghaiense* 192
*Polygonatum verticillatum* 189
*Polygonum aviculare* 028
*Polygonum macrophyllum* 030
*Polygonum sibiricum* 029
*Polygonum sparsipilosum* 030
*Polygonum viviparum* 029
*Polygonumtaquetii* 029
*Polystichum moupinense* 020
*Pomatosace filicula* 101
*Potentilla anserina* 071
*Potentilla bifurca* 071
*Potentilla fruticosa* 070
*Potentilla multicaulis* 072
*Potentilla parvifolia* 070
*Potentilla potaninii* 072
*Potentilla saundersiana* 071
*Primula denticulata* 105
*Primula flava* 104
*Primula nutans* 104
*Primula optata* 106
*Primula orbicularis* 106
*Primula purdomii* 107
*Primula sinopurpurea* 106
*Primula stenocalyx* 105
*Primula tangutica* 103
*Primula tibetica* 105
*Primula woodwardii* 104
*Przewalskia tangutica* 122
*Pterocephalus hookeri* 136
*Ptilagrostis dichotoma* 176
*Pyrethrum tatsienense* 144

R

*Ranunculus nephelogenes* 045
*Ranunculus tanguticus* 045
*Rheum pumilum* 026
*Rheum rhomboideum* 027
*Rheum tanguticum* 026
*Rhodiola algida* 062
*Rhodiola atuntsuensis* 063
*Rhodiola dumulosa* 062
*Rhodiola himalensis* 062
*Rhodiola kirilowii* 061
*Rhodiola quadrifida* 061
*Rhododendron anthopogonoides* 100
*Rhododendron capitatum* 100
*Rhododendron przewalskii* 101
*Rhododendron thymifolium* 100
*Ribes alpestre* 067
*Ribes glaciale* 066
*Ribes himalense var. verruculosum* 067
*Ribes himalense* 066
*Ribes orientale* 067
*Roegneria pauciflora* 168
*Rorippa islandica* 057
*Rosa sweginzowii* 072
*Rubus irritans* 074
*Rumex acetosa* 028
*Rumex aquaticus* 027
*Rumex nepalensis* 027
*Rumex patientia* 028

S

*Sabina przewalskii* 022
*Salix cupularis* 024
*Salix lindleyana* 024
*Salix oritrepha* 023
*Salix rehderiana* 024
*Salix taoensis* 025
*Salsola collina* 030
*Salsola ruthenica* 031
*Salvia roborowskii* 119
*Saussurea brunneopilosa* 157
*Saussurea chingiana* 154
*Saussurea dzeurensis* 155
*Saussurea epilobioides* 155

*Saussurea graminea* 156
*Saussurea katochaete* 154
*Saussurea medusa* 156
*Saussurea nigrescens* 153
*Saussurea pachyneura* 156
*Saussurea przewalskii* 157
*Saussurea pulchra* 154
*Saussurea stella* 153
*Saussurea tangutica* 157
*Saussureale leontodontoides* 155
*Saxifraga egregia* 065
*Saxifraga melanocentra* 064
*Saxifraga montana* 065
*Saxifraga przewalskii* 064
*Saxifraga tangutica* 064
*Saxifraga unguiculata* 065
*Scirpus distigmaticus* 178
*Scirpus wichurae* 178
*Scutellaria rehderiana* 119
*Sedum celatum* 063
*Sedum fedtschenkoi* 063
*Senecio diversipinnus* 147
*Senecio thianschanicus* 148
*Sibbaldia procumbens* 070
*Sibiraea angustata* 068
*Silene aprica* 036
*Silene gonosperma* 036
*Silene gracilicaulis* 037
*Solms-laubachia parryoides* 060
*Sonchus arvensis* 159
*Sorbus rehderiana* 073
*Sorolepidium glaciale* 021
*Soroseris erysimoides* 160
*Sphaerophysa salsula* 075
*Sphallerocarpus gracilis* 096
*Spiraea alpina* 068
*Spiranthes sinensis* 196
*Stachys sieboldii* 120
*Stellaria arenarioides* 035
*Stellaria decumbens* 035
*Stellaria palustris* 036
*Stellaria uda* 035
*Stellera chamaejasme* 090
*Stipa aliena* 174
*Stipa capillacea* 175
*Stipa purpurea* 174
*Stipa sareptana* 175
*Swertia franchetiana* 114
*Swertia tetraptera* 114
*Swertia wolfgangiana* 115

T

*Takhtajaniantha austriaca* 161
*Taraxacum maurocarpum* 159
*Taraxacum mongolicum* 158
*Taraxacum platypecidum* 159
*Tephroseris rufa* 147
*Thalictrum alpinum* 042
*Thalictrum alpinum* 042
*Thalictrum przewalskii* 042
*Thalictrum rutifolium* 041
*Thalictrumpetaloideum* 041
*Thermopsis alpina* 084
*Thermopsis lanceolata* 074
*Thlaspi arvense* 055
*Tibetia himalaica* 079
*Trichophorum distigmaticum* 187
*Triglochin maritimum* 161
*Triglochin palustre* 162
*Trisetum clarkei* 178
*Trollius chinensis* 038
*Trollius farreri* 038
*Trollius ranunculoides* 039

U

*Urtica hyperborea* 025
*Urtica triangularis subsp* 025

V
*Valeriana pseudofficinalis* 135
*Veronica biloba* 124
*Veronica ciliata* 123
*Veronica rockii* 124
*Vicia amoena* 084
*Vicia angustifolia* 083
*Vicia sativa* 083
*Vicia tibetica* 084
*Vicia unijuga* 083
*Viola bulbosa* 090
*Viola striatella* 090

X
*Xanthopappus subacaulis* 151

Y
*Youngia simulatrix* 160

## Animals

A
*Actitis hypoleucos* 235
*Aegypius monachus* 248
*Alauda gulgula* 244
*Alcis repandata* 208
*Amata ganssuensis* 207
*Anas platyrhynchos* 230
*Anas zonorhyncha* 230
*Anser indicus* 232
*Anthus roseatus* 238
*Aphis gossypii* 207
*Aporia crataegi* 214
*Aporia hippia* 214
*Aporia intercostata* 215
*Aquila nipalensis* 248
*Arctonyx collaris* 257
*Ardea cinerea* 239
*Athene noctua* 241
*Aythya fuligula* 231

B
*Bos grunniens* 253
*Bubulcus coromandus* 240
*Bufo gargarizans* 224
*Buteo hemilasius* 247

C
*Callambulyx tatarinovi* 210
*Canis familiaris* 255
*Canis lupus* 255
*Capreolus pygargus* 260
*Carpodacus rubicilloides* 237
*Cassida nebulosa* 205
*Caterpillar* 211
*Catocala nupta* 209
*Cervus elaphus* 260
*Chroicocephalus brunnicephalus* 233
*Ciconia nigra* 245
*Coccinella longifasciata* 202
*Coccinella magnopunctata* 201
*Coccinella septempunctata* 201
*Coenonympha amaryllis* 217
*Coenonympha oedippus* 217
*Colias erate* 215
*Coloeus dauuricus* 242
*Columba rupestris* 244
*Corvus corax* 242
*Corvus macrorhynchos* 243
*Creophilus maxillosus* 205
*Crossoptilon auritum* 246
*Crossoptilon crossoptilon* 246
*Cuculus canorus* 242
*Cuon alpinus* 256

*Cygnus cygnus* 231

D

*Diachrysia nadeja* 209
*Dicrurus macrocercus* 238
*Dilipa fenestra* 218

E

*Edipoda latreille* 219
*Eospalax baileyi* 259
*Equus caballus* 253
*Eremophila alpestris* 244

F

*Falco cherrug* 249
*Falco tinnunculus* 249
*Felis bieti* 257

G

*Gallinula chloropus* 234
*Gloydius cognatus* 225
*Grus nigricollis* 233
*Gymnocypris eckloni* 224
*Gymnodiptychus pachycheilus* 223
*Gypaetus barbatus* 249
*Gyps himalayensis* 248

H

*Habrosyna derasa* 210
*Harmonia axyridis* 201
*Hippodamia variegate* 202
*Hirundo rustica* 245

I

*Ichthyaetus ichthyaetus* 234

L

*Lanius giganteus* 240
*Leptidea amurensis* 215
*Lepus oiostolus* 260
*Leucania pallens* 209
*Leucoma candida* 211
*Linaria flavirostris* 237
*Lutra lutra* 258
*Lygus pratensis* 207
*Lynx lynx* 257

M

*Marmota himalayana* 259
*Melanargia halimede* 216
*Meligethes aeneus* 203
*Mergus merganser* 231
*Milvus migrans* 247
*Minois dryas* 216
*Montifringilla adamsi* 237
*Moschus chrysogaster* 261
*Motacilla alba* 238
*Motacilla citreola* 239
*Mylabris speciosa* 203
*Mustela eversmanii* 258
*Mustela sibirica* 258

N

*Naemorhedus griseus* 254
*Netta rufina* 230
*Nicrophorus dauricus* 204
*Nicrophorus maculifrons* 204
*Nicrophorus przewalskii* 204
*Nicrophorus sinensis* 205
*Nymphalis xanthomelas* 217

O

*Ochotona curzoniae* 259
*Omosita colon* 202
*Onychostruthus taczanowskii* 236
*Ourapteryx nivea* 208
*Ovis ammon* 254
*Ovis aries* 253

P
*Panthera uncia* 256
*Papilio machaon* 212
*Papilio xuthus* 212
*Parnassius nomion* 213
*Parnassius stubbendorfii* 213
*Passer montanus* 236
*Pentatoma japonica* 206
*Perdix hodgsoniae* 245
*Phalacrocorax carbo* 232
*Phasianus colchicus* 247
*Phoenicurus ochruros* 250
*Phoenicurus schisticeps* 241
*Phrynocephalus theobaldi* 225
*Phyllotreta vittata* 203
*Pica bottanensis* 243
*Pieris rapae* 213
*Plutella xylostella* 210
*Podiceps cristatus* 232
*Pontia daplidice* 214
*Prunella rubeculoides* 239
*Pseudois nayaur* 254
*Pseudopodoces humilis* 235
*Pyrgilauda ruficollis* 236
*Pyrrhocorax pyrrhocorax* 243
*Pyrrhocoris tibialis* 206

R
*Rana kukunoris* 224

S
*Saxicola maurus* 240
*Schizopygopsis pylzovi* 223
*Scutiger* (Scutiger)-*boulengengeri* 225
*Sephisa princeps* 218
*Sericinus montelus* 212
*Sinotmethis Sinotmethis brachy pterus*219
*Spatula clypeata* 229
*Spatula querquedula* 229
*Spilarctia quercii* 208
*Sterna hirundo* 233

T
*Tadorna ferruginea* 229
*Tatinga tibetana* 216
*Tetraogallus tibetanus* 246
*Trichodes sinae* 206
*Tringa ochropus* 234
*Tringa totanus* 235
*Triplophysa* 223

U
*Upupa epops* 241

V
*Vanessa cardui* 219
*Vanessa indica* 218
*Vespertilio* 261
*Vespula germanica* 220
*Vulpes ferrilata* 256
*Vulpes Vulpes* 255

## ཤ་མོའི་རིགས།



## རྩི་ཤིང་གི་རིགས།

## སྲོག་ཆགས་ཀྱི་རིགས།